新文京開發出版股份有限公司
NEW WCDP
新世紀・新視野・新文京－精選教科書・考試用書・專業參考書

New Wun Ching Developmental Publishing Co., Ltd.
New Age · New Choice · The Best Selected Educational Publications — NEW WCDP

電氣安全

第3版
Third Edition

鄭世岳 編著

ELECTRICAL SAFETY

電是最乾淨的能源之一，加上其使用便利、效率佳等諸多優點，已成為當今能源的主流。惟在普遍使用電的同時，衍生許多的電氣災害。而欲防止電氣災害的發生，有賴於提升電氣安全知識，藉由對電的認識，了解電的危害及電氣安全防護設施的正確使用，進而防範電氣災害於未然。

坊間有關電氣安全的專業書籍寥寥可數，筆者從事電氣安全課程教學多年，每每苦無適當之電氣安全教材，有鑑於此，毅然決然將多年蒐集之電氣安全相關教材，加以重新編排、增刪，略除艱澀、繁雜的內容，新增相關實例與題材，盡心彙編成書，希冀本書之問世可對電氣安全教育提供綿薄之力。

本書內容循序漸進、由淺入深，首先以電學基本概念來引導讀者進入電學領域，接著介紹感電、電氣火災、電弧及電氣火花等電氣災害，再針對各種電氣安全防護，作深入的探討與解說。此外，本書對靜電安全及防爆電氣等相關之安全問題，亦有詳盡的介紹。最後加以闡述電氣安全管理之具體措施，讓讀者學習應如何從工程技術及管理層面進行電氣危害之管控，期能徹底消弭電氣災害的發生。

本書因應相關法令修正，三版及時更新，盼能給予讀者完整且最新之資訊；另提供許多實務題材，適用於大專院校職業安全相關科系之電氣安全課程，亦適用於有志從事電氣安全管理者，期對後學者或實務工作者之進修能有所助益。

鄭世岳 謹識

編者簡介
AUTHOR

鄭世岳

現職

- 竣隆職業安全衛生技師事務所／工業安全技師、職業衛生技師

學歷

- 國立高雄第一科技大學工程科技研究所環安組博士
- 國立成功大學礦冶及材料科學研究所碩士
- 國立成功大學礦業及石油工程系學士

經歷

- 社團法人臺灣生活環境安全與衛生學會理事長
- 嘉南藥理大學職業安全衛生系副教授兼系主任
- 職業安全衛生管理系統(OHSAS18000)認證輔導機構輔導員
- 行政院勞工委員會核定自護輔導單位自護制度輔導員
- 中華民國工礦安全衛生技師公會全國聯合會理事
- 八十一年工礦衛生技師高等考試及格
- 八十年工業安全技師高等考試及格
- 省政府勞工處中區勞工檢查所檢查員
- 七十五年全國公務人員高等考試及格

證照

- 物理性因子作業環境測定職類甲、乙級技術士技能檢定術科監評人員證書
- 職業安全衛生管理(OHSAS18000)訓練結業證書
- 毒性化學物質管理訓練結業證書
- 消防安全設備設計監造暫行執業證書
- 防火管理人證書
- 專利代理人證書
- 工礦衛生技師證書
- 工業安全技師證書
- 勞動檢查員證書
- 公務人員高考及格證書

目錄 CONTENTS

電學基本概念

1-1　歐姆定律
1-2　電　路
1-3　電流分類
1-4　電力輸送

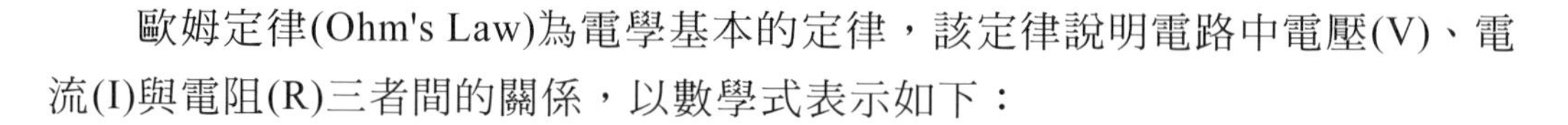

1-1 歐姆定律

歐姆定律(Ohm's Law)為電學基本的定律，該定律說明電路中電壓(V)、電流(I)與電阻(R)三者間的關係，以數學式表示如下：

$$V = IR \qquad I = \frac{V}{R} \qquad R = \frac{V}{I}$$

V ： 電壓，單位：伏特 (V)
I ： 電流，單位：安培 (A)
R ： 電阻，單位：歐姆 (Ω)

在相同的電阻條件下，電路中的電流大小與所加的電壓值成正比。

在不改變電壓大小的情況下，電路中的電流大小與電阻值成反比。

因此人體在遭受電擊時，電壓越高，流經人體的電流越大，相對危險性增加。若遭電擊時，人體當時之電阻越低（例如：流汗或身體潮濕），流經人體的電流越大，同樣危險性亦越高。

電功率為電壓與電流的乘積（此指直流電功率），其單位為瓦特(Watt)。

電功率＝電壓×電流　$P = VI$
單相交流電功率　$P = VI\ \mathrm{COS}\theta$
三相交流電功率　$P = \sqrt{3}\ VI\ \mathrm{COS}\theta$

COS θ 稱為功率因素，θ 為相位角。θ 為 0 時，功率因素為 1。

電功率與機械功率互換關係：

1HP（馬力）= 746W（瓦特）

電功率之數學式表示：

$P = VI$

$P = I^2R$　　電熱能功率

$P = \frac{V^2}{R}$　　電磁能功率

P：電功率，單位：瓦特(W)

計算電能常使用千瓦－小時，1 度電為 1 千瓦－小時。

電功率的估算在電氣安全有其意義，在提供高功率（P 值大）的電氣設備用電，所需的電流量大（I 大），因此須使用負載大的電源線，亦即須使用線徑大的電線。1100 瓦的電氣設備使用 110V 的電壓供電，電線之負載電流為 10 安培。若 2200 瓦的電氣設備，在同樣的電壓下，電線之負載電流為 20 安培；當 1100 瓦的電氣設備使用 15 安培的電源線時可以安全供電，但如果該電源線提供 2200 瓦的電氣設備供電就會過載，便可能易生危險。

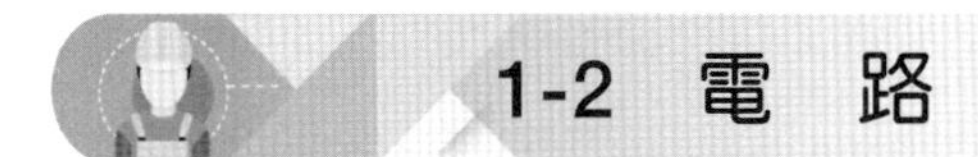

1-2 電　路

電路(Circuit)為電流流動所經過的途徑，亦即電子移動所流過的路徑。電路的組成至少必須具備三種元件：電源、導線與負載。

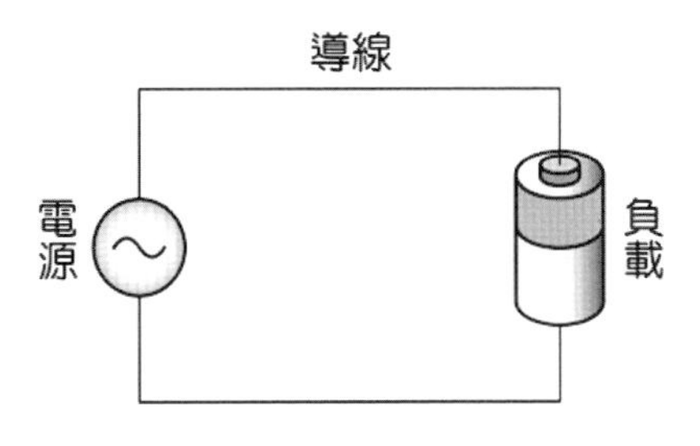

圖 1-1　電路之組成

一、開路(Open circuit)

開路又稱斷路，即電路之開關打開或導線脫落，電路中的電流不流動，電阻則無窮大。

二、通路(Close circuit)

通路又稱閉路，即電源提供電壓產生電流，經由導線流經負載再回到電源形成通路。

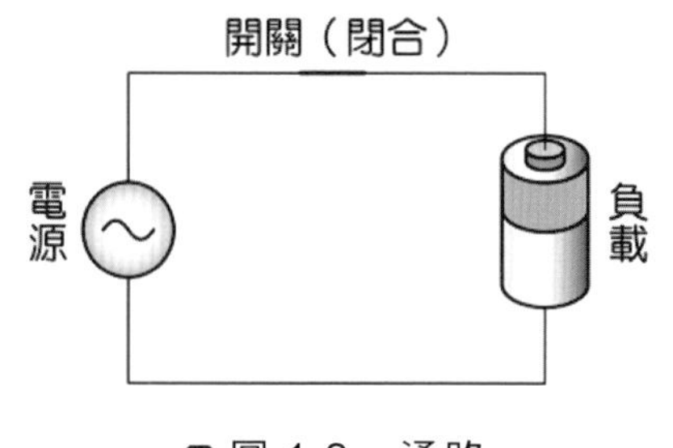

圖 1-2　通路

三、短路(Short circuit)

電線間的絕緣破壞，致使裸線彼此直接接觸時，發生爆炸性火花（電弧），即稱為短路。短路為電路間阻抗呈極小狀態，通常係由於電氣設備發生故障或電氣作業失誤，意外使兩電線（火線與地線）接觸所產生的現象。

短路事故原因如下：

1. 電線絕緣劣化。
2. 電氣設備裝置不良，造成絕緣失效。
3. 絕緣材料材質不良或老化。
4. 電氣施工不良。

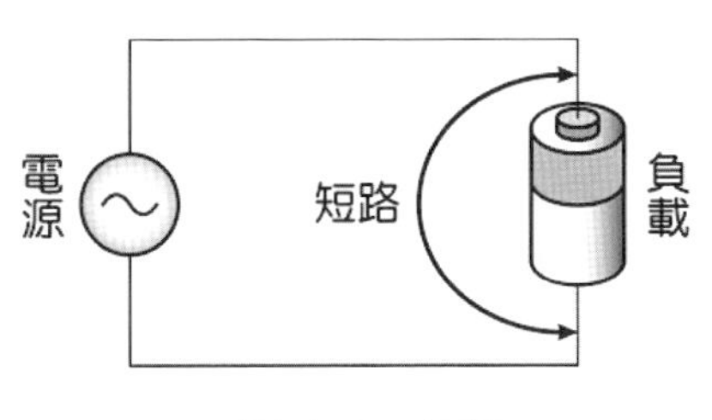

圖 1-3　短路

當電路發生短路時，因整個電路處於低電阻狀態，此時大量電流流經整個電路，電線因無法承受瞬間之大電流而產生高溫熔毀，稱之為電線走火，為電氣火災之主要原因之一。

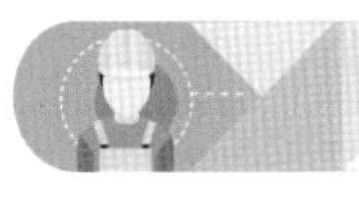

1-3　電流分類

電流依其特性分為直流電(Direct Current; DC)及交流電(Alternating Current; AC)。直流電(DC)其電壓的極性及電流的方向與大小不會隨時間而變化，固定從正極流向負極者稱為直流電，如乾電池、蓄電池等皆屬之；而交流電的電壓極性及電流方向、大小，則循著一固定時間週期而交互變化，亦即交流電為一種大小永在變換，且其電流流動的方向亦定期交變。若其中一電極進行接地，一般稱其為地線（對地電壓為 0），另一未接地之電極稱為火線（對地電壓不為 0）。臺灣地區所用之交流電頻率為 60 週波(60Hz)，即電流在火線與地線間交互流動每秒鐘有 60 次變化，每一週波出現 2 次火線對地電壓為 0。

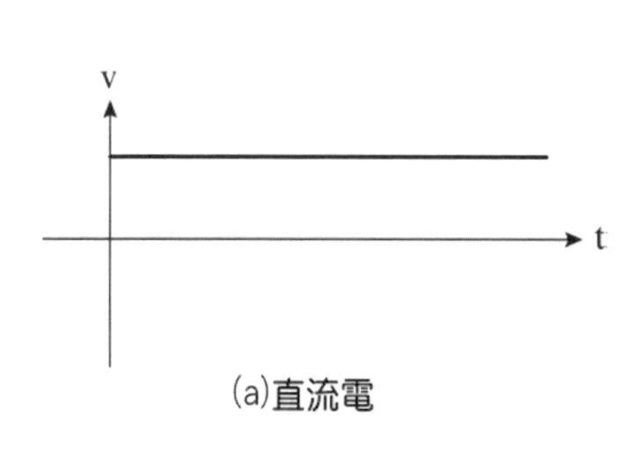

(a)直流電

(b)各式電池

圖 1-4　直流電

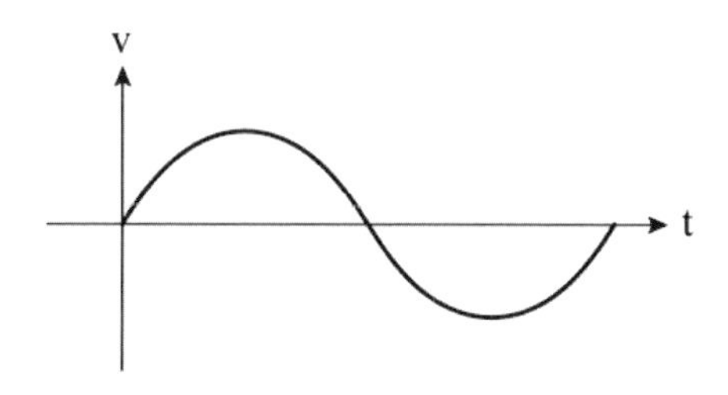

圖 1-5　交流電

交流發電機係由三組同頻而相位互差 120 電工度之正弦波電動勢連接於負載所組成之電路；三相電動勢之產生，可自三組相同線圈中定速順時針旋轉獲得。交流電可分單相交流電和三相交流電。一般小容量負載大都採用單相交流電，動力用大容量負載則多使用三相交流電，在實用上，交流電的應用較直流電來得廣泛且經濟。

低壓電路的供電方式可分為：

1. 單相二線式(110 V、220 V)。
2. 單相三線式(110／220 V)。

3. 三相三線式(220 V)。

4. 三相四線式(120／208 V、220／380 V、277／480 V)。

交流電之電流採平均值，正弦波形之交流電，每一循環，一半波為正值，一半波為負值，其全週期之平均值係採正負半波之絕對值，正弦波平均值為最大值之 $2/\pi$(約 0.64)。交流電之電壓採有效值，正弦波形交流電電壓之有效值，乃是根據其通過電阻時所生熱效應而定，對正弦波而言，最大值為有效值之 $\sqrt{2}$ ，所稱 110 V 乃指有效電壓，其瞬間最高電壓達 155.54 V。

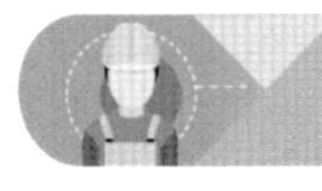

1-4 電力輸送

電力系統為發電廠至用戶端之間所連成的一個供電系統，其基本由發電、輸電及配電三個部分所構成，彼此之間相互關連。

一、發電

發電的方式很多，臺灣主要以火力、核能及水力發電為主，發電部分包含有發電廠與升壓變電所。

二、輸電

將發電廠所產生的電能，經由升壓變電所輸送電力至一、二次變電所，輸電部分包含有一、二次輸電線路及一、二次變電所。

三、配電

由二次變電所經一次配電線路直接送至高壓用戶端，或由一次配電線路經配電變壓器降至低壓後，由二次配電線路送至各低壓用戶端，配電部分包含有一、二次配電線路及配電變壓器等。

目前台電系統包含有 345kV、161kV、69kV 等之輸電線路，而配電線路高壓供電以 22.8kV、11.4kV 為主，低壓供電以單相三線 110／220 V、三相三線 220 V 及三相四線 220／380 V 為主。

(a)輸電鐵塔

(b)配電

(c)協和火力發電廠

圖 1-6　電力輸送基本構成

一、選擇題

(　) 1. 依歐姆定律(Ohm's Law)：V 代表電壓；I 代表電流；R 代表電阻。則下列關係何者正確？ (1)I＝VR (2)R=VI (3)V=IR (4)VIR=1。

(　) 2. 電阻為 10 歐姆之電氣設備，使用 110 伏特之交流電源，則該使用設備之電流量為 (1)5 安培 (2)6 安培 (3)11 安培 (4)15 安培。

(　) 3. 承上題，此電氣設備之功率為 (1)1100 瓦(W) (2)1210 瓦(W) (3)1500 瓦(W) (4)1650 瓦(W)。

(　) 4. 兩部 1650 瓦的冷氣使用 10 小時，一共用了幾度電？ (1)22 度電 (2)33 度電 (3)66 度電 (4)88 度電。

(　) 5. 承上題，若兩部冷氣都是使用 220 伏特的電源，則每一部冷氣使用的電流量為 (1)7.5 安培 (2)15 安培 (3)30 安培 (4)50 安培。

(　) 6. 承上題，若兩部冷氣都是使用 110 伏特的電源，則每一部冷氣使用的電流量為 (1)7.5 (2)15 (3)30 (4)50 安培。

(　) 7. 電路(Circuit)為電流流動所經過的途徑，亦即電子移動所流過的路徑。因此，電路的組成至少必須具備三種元件，亦即 (1)電阻、電容與電感 (2)電源、導線與負載 (3)電能、電壓與電阻 (4)發電、輸電擁供電。

(　) 8. 電線間的絕緣破壞，裸線彼此直接接觸時，發生爆炸性火花（電弧），稱為 (1)通路 (2)閉路 (3)斷路 (4)短路。

(　) 9. 臺灣地區所用之交流電頻率為 60 週波(60Hz)，其每秒鐘會有 (1)30 次 (2)60 次 (3)120 次 (4)240 次 電壓為 0。

(　) 10. 三相交流發電機可自三組相同線圈中定速順時針旋轉獲得，三組同頻而相位互差 (1)0 (2)90 (3)120 (4)180 電工度之正弦波電動勢。

二、問答題

1. 電阻為 11 歐姆之電氣設備，使用 110 伏特之交流電源，求該使用設備之電功率為何？
2. 試說明目前國內使用 110 V，60 Hz 交流電之特性。另，為何交流電無正負極之分？
3. 試說明交流電的火線與地線之特性。
4. 試說明交流電的電流採用平均值，電壓採用有效值之意義。電壓 220 伏特之交流電使用 5 安培之電流量，則其最大電壓及電流各為多少？
5. 電力系統為發電廠至用戶端之間所連成的一個供電系統，其基本由發電、輸電及配電三個部分所構成，試說明此三個部分的特性。

感　電

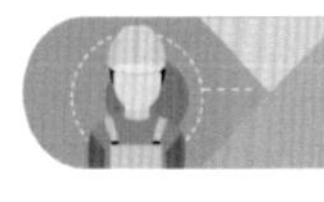

2-1 電流對人體的影響

流經人體之電流超過人體可接受之閾值，造成人體生理上之不利影響，謂之電擊傷害，又稱感電，表 2-1 為電流對人體的影響。感電對人體所引起的傷害包括：胸部肌肉收縮、妨礙呼吸；神經中樞麻痺，致呼吸停止；心室顫動，妨礙正常心跳；感受大量電流後，心臟肌肉收縮致心臟停止跳動，但脫離電路後可恢復正常的心跳（反電擊）；大量電流產生的熱，使組織、器官、神經中樞及肌肉出血或破壞；觸及高壓電，造成血管栓塞後肌肉組織壞死，嚴重者導致腎衰竭；感電後，肌肉收縮，失去平衡，致使從高處墜落造成二次性傷害等。

感電時通過人體之電流大小，可採用包圍人體的總電阻除人體承受的電壓獲得。包圍人體的總電阻，包括被覆在人體上的物件，諸如：(1)帽子、衣服、手套、鞋子等；(2)其他絕緣用護具的電阻電線類、電氣設備的絕緣物；(3)活線作業（通電狀態之電氣作業）使用的安全工具電阻，這些電阻通常以串聯方式估算總電阻。人的電阻會因飲食、疲勞、精神狀態而變化，人體在狀況最差的時候，其電阻約為 400 Ω~2000 Ω。如手腳汗濕或沾水時，電阻值會顯著減少。

以下為各種電流值（如表 2-1）對人體所產生的影響：

1. 感知電流值：人體感覺有電流通過，稍感刺痛。
2. 可脫逃電流值：又稱讓行電流(Let-Go Current)，肌肉仍可自由活動，但會伴有痛苦感，不過尚可不靠他力自行脫逃。
3. 無法脫逃電流值；又稱電凍電流(Freezing Current)：會使肌肉發生痙攣，無法不靠他力自行脫逃。在此狀態下，會有相當程度的痛苦感，若情況持久下去的話，人會失去意識，進而因呼吸困難而窒息。
4. 休克電流值：會導致肌肉僵硬，呼吸困難。
5. 心臟麻痺電流值：會引起心臟麻痺而失去血液循環的機能，並造成呼吸停止。引起心室細動而造成心臟麻痺之電流與通電時間之理論公式，一般使用哺乳動物（如：羊、狗、牛等）作實驗，以評估人的界限值。較具代表性者，包括美國 Mr.Dalziel 所提出的(1)式，與德國 Mr. Keeppen's 所提出的(2)式：

$$I = \frac{116}{\sqrt{T}} \ \text{(mA)} \qquad (1)$$

$$I \times T = 50 \ \text{(mA-s)} \qquad (2)$$

Mr.Keeppen's 將(2)式在考慮安全係數 1.67 修正為(3)式

$$I \times T = 30 \ \text{(mA-s)} \qquad (3)$$

其中 I 為電流值（單位為毫安；mA），T 為通電時間（單位為秒；s）

表 2-1　電流對人體的影響

感電影響	電　流（mA）					
	直　流		60Hz 交　流		10000Hz 交　流	
	男	女	男	女	男	女
感知電流：開始有刺激	5.2	3.5	1.1	0.7	12	8
可脫逃電流：肌肉尚可自由活動	62	41	9	6	55	37
無法脫逃電流：肌肉無法自由活動	74	50	16	10.5	75	50
休克電流：肌肉收縮，呼吸困難	90	60	23	15	94	63
心臟麻痺電流：心室痙攣，呼吸停止	500	500	100	100	500	500

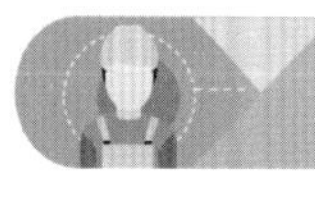

2-2 感電電流估算

感電電流屬異常之電流迴路，電流未經正常的電路流動，從人體觸電部位產生迴路，此迴路亦會透過接地處（通常為足踏點）從大地地線返回系統接地線（圖 2-1）。感電電流之估算如下：

$$R_P = \frac{(R_M + R_S)R_3}{R_M + R_S + R_3}$$

$$I = \frac{E_F}{R_P} = \frac{E}{R_P + R_L + R_2}$$

$$E_F = \frac{E}{R_P + R_L + R_2} \times R_p$$

$$I_B = \frac{E_B}{R_M} = \frac{E_F}{R_M + R_S}$$

$$E_B = I_B R_M$$

I ：電路總電流 (A)

I_B：感電電流 (A)

R_P：故障接地總電阻 (Ω)

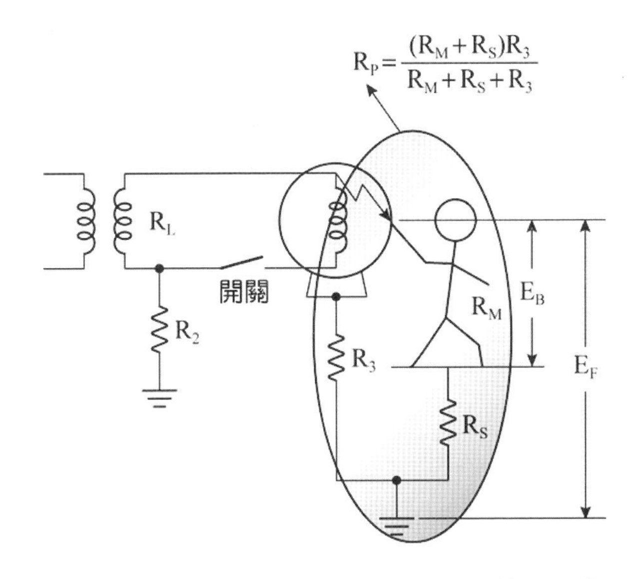

E_F：故障電壓 (V)　　R_2：第二種接地電阻 (Ω)

E_B：接觸電壓 (V)　　R_3：第三種接地電阻 (Ω)

E：使用電壓 (V)　　R_M：人體電阻 (Ω)

R_L：線路電阻 (Ω)　　R_S：足踏點電阻 (Ω)

圖 2-1　人體感電電路示意圖

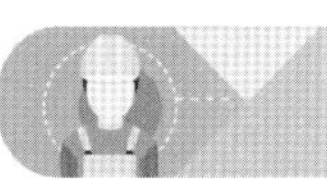

2-3　感電事故預防對策

感電事故原因包括：

一、電氣作業中觸及帶電部位。

二、電氣設備漏電觸及漏電處所。

三、電氣配線絕緣劣化、損傷，觸及裸露電線或帶電部位。

四、其他：電焊作業觸及焊條或絕緣破壞之握柄。

一、安全電壓

一般安全電壓低於 24 V，依不同接觸狀態之安全電壓，可將其分為四個種類，如表 2-2 所示。

表 2-2　不同接觸狀態之安全電壓

種　別	接觸狀態	安全電壓
第一種	人體大部分浸在水中。	2.5V 以下
第二種	人體濕潤狀態，人體的一部分接觸金屬製電氣機械裝置或構造物。	25V 以下
第三種	第一、二種以外的場所，人體在平常狀態下觸及帶電部位時危險性高的狀態。	50V 以下
第四種	第一、二種以外的場所，人體在平常狀態下觸及帶電部位時危險性低的狀態，不會觸及帶電部位之場所。	無限制

二、隔　離

隔離乃使帶電設備或線路與工作者分開或保持距離，使人體不致接觸帶電體。例如：

1. 明確劃定電氣危險場所，必要時可加護圍或上鎖，並禁止未經許可之人員進入。
2. 電氣機具之帶電部分有接觸之虞時，可加護圍、護板（如：開關箱加裝中間格板）或架高使人不易碰觸。
3. 以遙控方式操作電氣設備。
4. 在無絕緣被覆之架空高壓電裸線附近施工時，應保持安全距離並安排監視人員監督指揮或設置護圍。
5. 架空高壓電線之地下電纜化等。

三、絕　緣

絕緣為保持或加強電氣線路及設備之良好電氣絕緣狀態，例如：

1. 電氣設備及線路應採用符合標準之規格，並依規定施工。例如屋外潮濕場所應使用防水型插頭，電線、保險絲或無熔絲開關之電流容量應適當，開關位置的審慎安排等。
2. 防止電氣設備及線路遭受外來因素破壞其絕緣性能。例如臨時配線應架高，電線避免中途接續，不得已時應將接續包紮良好。
3. 電氣線路或設備之裸露帶電部分有接觸之虞時，應施以絕緣被覆，如橡膠套、絕緣膠帶等加以保護，同時採用絕緣台、絕緣毯。
4. 電氣設備或線路之絕緣有破損或劣化時，應加以更換或維修。

四、防　護

防護乃作業者穿戴電氣絕緣用防護具或使用活線作業用器具及裝備，例如：穿戴絕緣手套及使用絕緣工具等，來隔絕電流流經人體以避免感電。

五、雙重絕緣

雙重絕緣即強化電氣設備之絕緣，此種電氣設備之內部元件使用絕緣材料包覆，且設備外殼亦採用塑膠等絕緣材料製成。在一般電氣設備上，其帶電部分與金屬製外箱（殼）間必有絕緣，功能上此為必要之設施，因此稱為功能絕緣。而在雙重絕緣設備中，更於設備之金屬製外箱（殼）上再加一層絕緣，此絕緣則稱為保護絕緣。所以，在雙重絕緣設備中，即使功能絕緣變差劣化，但因有第二層之保護絕緣存在，因此不會產生漏電事故。

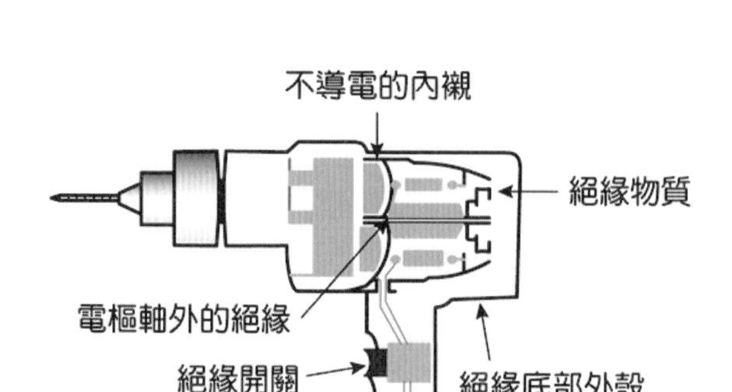

圖 2-2　雙重絕緣電鑽

六、設備接地

設備接地係將電氣設備的金屬製外箱（殼）等，以導體與大地做良好的電氣性連接（如：馬達或電焊機外殼之接地），以維持該外箱（殼）與大地在同電位，當外箱（殼）發生漏電，漏電電流可藉由接地電極引入大地（圖 2-3）。依用戶用電設備裝置規則之規定，應實施接地之高、低壓用電設備如下：

(一) 應實施接地之低壓用電設備

1. 低壓電動機之外殼。
2. 金屬導線管及其連接之金屬箱。
3. 非金屬管連接之金屬配件，如配線對地電壓超過 150 伏特或配置於金屬建築物上或人可觸及之潮濕處所者。
4. 電纜之金屬外皮。
5. X 射線(X-ray)發生裝置及其鄰近金屬體。
6. 對地電壓超過 150 伏特之其他固定設備。
7. 對地電壓在 150 伏特以下之潮濕危險處所之其他固定設備。
8. 對地電壓超過 150 伏特移動性電具。但其外殼具有絕緣保護不為人所觸及者不在此限。
9. 對地電壓在 150 伏特以下移動性電具，使用於潮濕處所或金屬地板上或金屬箱內者，其非帶電露出金屬部分需接地。

(二) 應實施接地之高壓用電設備

例如高壓馬達、油開關、油斷路器及其他高壓器具之金屬外殼，以及支持高壓設備之金屬體等。

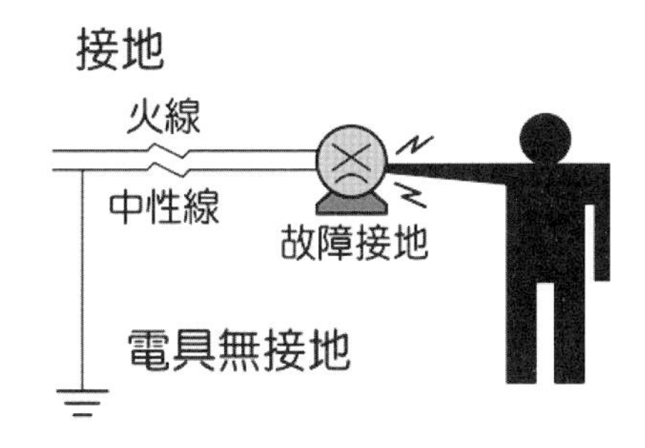

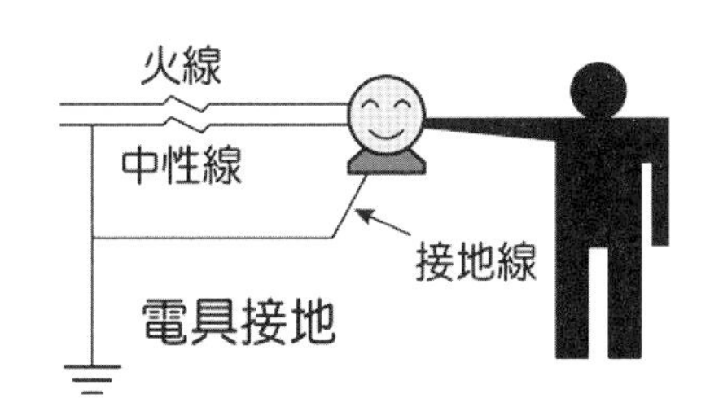

圖 2-3　漏電電流可藉由接地電極引入大地

七、安全保護裝置

安全保護裝置泛指一切施加於電路或設備上之安全裝置，而主要用於預防感電之安全裝置為漏電斷路器及自動電擊防止裝置。

(一) 漏電斷路器

當設備發生漏電時，漏電電流使電路產生電流不平衡，結果零相比流器二次側隨即檢出，而使開關動作切斷電源（請參閱 5-1 節）。

(二) 自動電擊防止裝置

利用電路中之比流器控制高、低壓迴路，進行電焊時電路處於高電流，比流器偵測到高電流時，迴路開關切換至高電壓迴路（請參閱 5-4 節），停止電焊時迴路開關又切回低電壓（25 伏特以下）迴路，此時電焊機處於低電壓狀態，可防止人員誤觸引發感電事故。

八、非接地系統

係指供電的電源系統為一非接地之供電系統。非接地系統的一般作法，是在接地的低壓電源系統中，再以一具隔離變壓器將該電源系統轉成二次側為非接地電源系統，以供電給負載使用。但其限制為電路不可太長或電路規模不能太大，以免因線路與大地間之電容量太大，而破壞其電源系統與大地間之非接地效果。

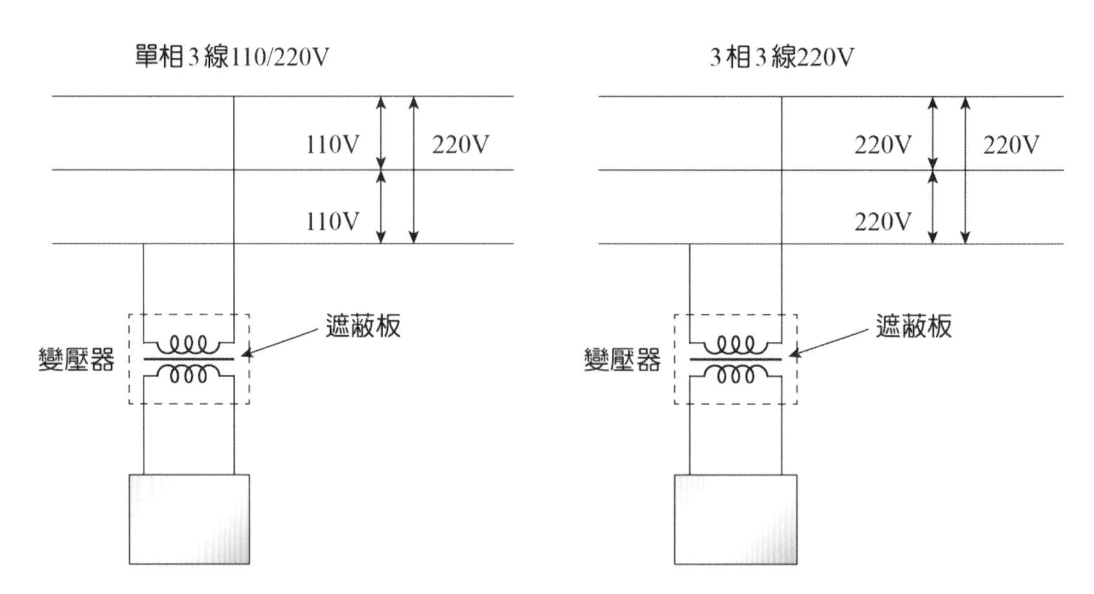

圖 2-4　非接地電源系統

九、直流或電池供電

由於人體對直流電之耐受力較高，因此在某些允許或特殊的作業情況或工作場合，可考慮用直流電或電池的方式供電。

十、其他防護措施

除前述之安全技術及設施外，在管理上應採取適當的措施以維持設備之安全功能及確保電氣作業安全。如：

1. 電氣設備定期檢查。
2. 電氣維修採停電作業，並實施上鎖制度。
3. 活線使用絕緣工具。
4. 保持安全距離等。

一、選擇題

(　) 1. 決定感電的主要因素為　(1)電壓　(2)電阻　(3)電流　(4)電容。

(　) 2. 成年男子感電後無法逃脫的電流值為　(1)9 毫安　(2)16 毫安　(3)23 毫安　(4)50 毫安。

(　) 3. 造成心臟痲痺之電流與通電時間之理論公式，依修正 Keeppen's 式之估算，人員遭受 30 毫安之感電電流時間不得超過　(1)0.1 秒　(2)1 秒　(3)5 秒　(4)10 秒。

(　) 4. 感電時，通過人體之電流大小為　(1)包圍人體的總電阻　(2)人體本身的電阻　(3)人體外部衣物電阻　(4)人體本身以外的電阻　除人體承受的電壓。

(　) 5. 人體在濕潤狀態時，若身體的一部分接觸到金屬製電氣機械裝置或構造物之狀況，應採　(1)第一種　(2)第二種　(3)第三種　(4)第四種　安全電壓。

(　) 6. 一般安全電壓為 24 V，屬於　(1)第一種　(2)第二種　(3)第三種　(4)第四種　安全電壓。

(　) 7. 下列敘述何者錯誤？　(1)在一樣的電壓下交流電的危害大於直流電　(2)男生對電之耐受度大多高於女生　(3)影響感電之因素，只與電流大小有關與感電時間長短無關　(4)交流電的頻率高低會影響感電程度。

(　) 8. 將電氣設備的金屬製外箱（殼）等，以導體與大地做良好的電氣性連接，稱為　(1)設備　(2)系統　(3)臨時　(4)永久　接地。

(　) 9. 漏電斷路器之特性為：當設備發生漏電時，漏電電流使電路產生電流不平衡，而使開關動作切斷電源，其中檢出電流不平衡之元件為 (1)三相　(2)二相　(3)單相　(4)零相　比流器。

(　) 10. 電氣設備之內部元件使用絕緣材料包覆，且設備外殼亦採用塑膠等絕緣材料製成，稱為　(1)單純絕緣　(2)雙重絕緣　(3)隔離絕緣　(4)分開絕緣。

二、問答題

1. 試述電流對人體造成的影響，並比較直流電與交流電造成感電之差異。
2. 試比較美國 Mr. Dalziel 與德國 Mr. Keeppen's 所提出，造成心臟麻痺之電流與通電時間之理論公式。
3. 試述感電事故的原因。
4. 試求下圖（開關 OFF 時）所示之人體感電電流值？

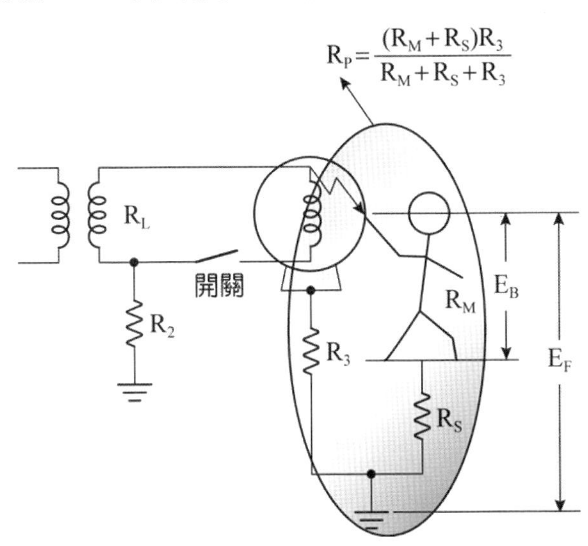

E　：使用電壓 (110 V)

R_L　：線路電阻 (50 Ω)

R_2 ：第二種接地電阻 (10Ω)

R_3 ：第三種接地電阻 (100Ω)

R_M ：人體電阻 (100000Ω)

R_S ：足踏點電阻 (10000Ω)

5. 說明感電事故預防，在硬體設施的對策有哪些？

6. 何謂「非接地系統」？在感電預防使用上有哪些限制？

電氣火災

3-1 電氣火災的原因

一、過電流

電路之電流量超過線路之負載量，稱為過電流。過電流會造成線路發熱，嚴重的過電流可使線路產生高溫，甚至熔毀，是造成電氣火災的主因。造成過電流的原因如下：

(一) 短　路

常因電線之外皮破損致使內部導線互相接觸，或帶電之火線意外接地，此時大量電流通過導線致使電線熔毀，造成「電線走火」現象。

(二) 過　載

用電量超過線路之負載量，或電動機超載使用致使電動機之輸出過大，大量電流通過電動機內線圈而發熱，往往是線路未裝設之過載預防裝置（無熔絲開關或保險絲），或所裝設之過載預防裝置容量超過線路之最大負載量（如：20 A 之電源線裝設 50 A 之無熔絲開關），進而導致過載。

二、電氣火花及電弧

(一) 高壓放電火花

高壓輸電設備或高壓設備帶電部位被接地物體接近時，空氣的絕緣破壞，引起火花放電現象，稱為閃絡(flash-over)。閃絡時產生的電弧能引燃可燃物，亦會讓人遭受感電及灼傷的危害。

(二) 電弧放電

電弧是一種氣體放電現象，電流通過某些絕緣介質（例如：空氣）所產生的光與熱。倘若每公分的間隙有 30,000 伏特，便會產生電弧放電。

(三) 操作開關產生火花

電氣開關在接通與切斷時會產生電路的電流變化，若在接點產生火花，則此火花之能量足以引燃可燃性氣體、蒸氣或粉塵。

(四) 積污導電(Tracking)

電源插頭與插座間或電源線接續處，若堆積大量灰塵又有水分滲入，間隙會產生小規模的放電，絕緣物表面因而流通電流，出現一個迴路，形成通電狀態，致使產生高溫引燃周遭的可燃物。

三、接觸不良

電源插頭與插座間或電源線接續處，若接觸不良將使其間之電阻升高，進而發熱，其後大量電流流經高電阻處，將產生大量歐姆熱(Ohmic Heating)，導致可燃物料被引燃。

四、電熱烘乾設備裝置或使用不當

電熱設備或烘乾設備因開關故障，無法適時切斷電流導致過熱發火，或熱源裝置不當、使用不當所造成之物料意外被加熱引燃，均為常見之電氣火災原因。

五、嚴重漏電

設備大量漏電或火線與地面接觸，會導致使漏電迴路高溫發熱引燃可燃物品。

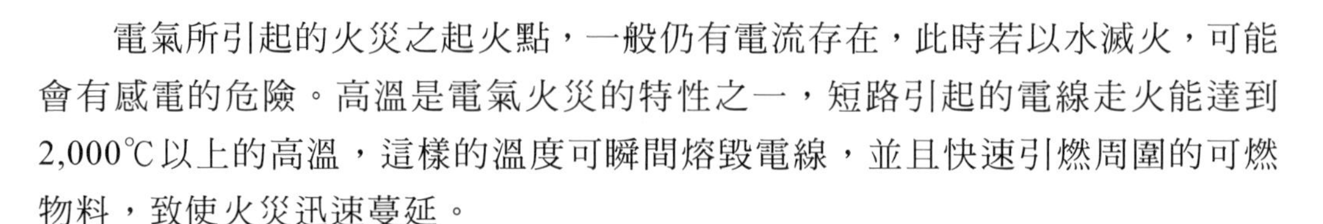

3-2 電氣火災的特性

電氣所引起的火災之起火點，一般仍有電流存在，此時若以水滅火，可能會有感電的危險。高溫是電氣火災的特性之一，短路引起的電線走火能達到2,000℃以上的高溫，這樣的溫度可瞬間熔毀電線，並且快速引燃周圍的可燃物料，致使火災迅速蔓延。

火會熔化或燒焦絕緣體，即使未直接接觸，且導體間的電壓僅 120 伏特或以下，也會產生電弧。此外，熱傳導氣體或燒焦的絕緣體，都可成為故障電流通路，進而引發電弧。產生電弧時導體並未接觸，而在電弧中會產生一電壓降，使電弧中的故障電流遠較導體直接接觸為小，此一現象會延長電路過載保護設施的跳開時間，而使電弧維持相當長的時間。

一、電氣機具高壓部之漏洩放電

電氣機具高壓部之漏洩放電，通常發生於異極之電極間，或交流電非接地側電極（火線）與接地導體之間。由於它是大量電荷連續供給之物體所產生之放電，故其持續放電時間較長，又因發熱量多，故不僅容易引燃引火性物質或粉塵，甚至電纜之包覆亦可能著火。在一般實例上，這種火災係發生在高壓電纜的接續部位，因接續鬆弛而產生漏洩放電。

二、電氣造成之絕緣破壞

(一) 積污導電(Tracking)現象

絕緣物表面附著導電物質，例如絕緣物表面附著有少量電解質之水分或含水氣之灰塵，甚至金屬粉等導電物體時，則該等帶電之附著物間，即會產生小規模的放電，絕緣物表面因而流通電流，結果形成異極電流的通路，致使絕緣物失去絕緣性。其發生之放電係屬電暈放電(Corona Discharge)，因為它是發生在絕緣物的表面，故又稱為「沿面放電」。積污導電之電流量通常未能使過電流保護裝置產生跳開動作，致使放電火花高溫燒毀電極周圍之絕緣物體，進而引燃周遭的可燃物而引發火災。

(二) 金原現象（石墨化現象）

所謂金原現象，係指橡膠、木材等絕緣物中，有電流流通的現象，亦即有機物之導電化現象。本來木材為不良導體，其受火熱而炭化時，形成無定形炭，並不能導電。但是一旦受電氣火花而炭化時，炭化部分因石墨化之故，則會具有導電性。

3-3 電氣火災的滅火

電氣火災之滅火切忌使用水滅火器（包括泡沫滅火器），乃因以水撲滅電氣火災會有感電危險。一般電氣火災所使用之滅火器，是使用乾粉、海龍及二氧化碳滅火器。其中，乾粉與鹵化烷滅火器（又稱海龍滅火器）主要用以破壞燃燒之鏈反應，進而使燃燒中斷；至於二氧化碳滅火器，則是用以取代空氣中的氧，使氧濃度降低，燃燒因缺乏助燃物而熄火。

一、乾粉滅火器

乾粉滅火器係使用空氣、氮或二氧化碳將乾粉加壓於鋼瓶內。乾粉的成分中，有以胺基甲酸粉末為主要成分的 Monnex、碳酸氫鈉、碳酸氫鉀、磷酸一銨、氯化鉀等所共同組成。乾粉滅火器對 A、B、C 類火災都有效。

乾粉滅火器由於射程較遠，速度較快，且不易消散，對於引火性液體引起的火災之滅火，較二氧化碳滅火器與泡沫滅火器為佳。乾粉滅火器對於泡沫滅火器難以對付的有機溶劑，如：酒精、乙醚、酮類，其滅火效果良好。

碳酸氫鈉乾粉在滅火過程中的化學效應如下：

$2NaHCO_3 + 熱 \rightarrow CO_2 + Na_2CO_3 + H_2O$（吸熱作用）

$Na_2CO_3 + 熱 \rightarrow CO_2 + Na_2O$（吸熱作用）

$Na_2O + H_2O \rightarrow 2NaOH$

$NaOH + H^+ \rightarrow Na^+ + H_2O$（破壞燃燒之鏈反應）

$NaOH + OH^- \rightarrow NaO^- + H_2O$（破壞燃燒之鏈反應）

二、鹵化烷滅火器

鹵化烷滅火器內的成分，係採用經過加壓液化的三氟溴甲烷(CF_3Br)（即 Halon 1301）和二氟氯溴甲烷(CF_2ClBr)（即 Halon 1211）等鹵化烷成分之滅火器，主要用於 B、C 類火災，缺點是含有會造成大氣臭氧破壞的氟氯碳化物。

鹵化烷滅火器對於破壞燃燒中的鏈反應深具效果，能有效的抑制燃燒之進行。公元 2000 年國際環保組織決議禁用鹵化烷滅火器，目前已有其他替代品（亦即環保海龍），且其滅火效果並不亞於鹵化烷滅火器。

$CF_3Br \rightarrow CF_3^+ + Br^-$

$Br^- + H^+ \rightarrow HBr$（破壞燃燒之鏈反應）

$HBr + OH^- \rightarrow Br^- + H_2O$（破壞燃燒之鏈反應）

三、二氧化碳滅火器

二氧化碳滅火器是使用加壓液化的二氧化碳罐裝於鋼瓶中，鋼瓶外是開關閥、輸送管及噴嘴。打開氣閥後，液態的二氧化碳會變成氣體噴出，具有稀釋燃料附近的氧含量與冷卻的雙重作用，由於二氧化碳極易消散，故多使用於室內。此種滅火器主要適用於 B、C 類火災，尤其是貴重的電氣設備和其他範圍較小、限定範圍的 B 類火災。

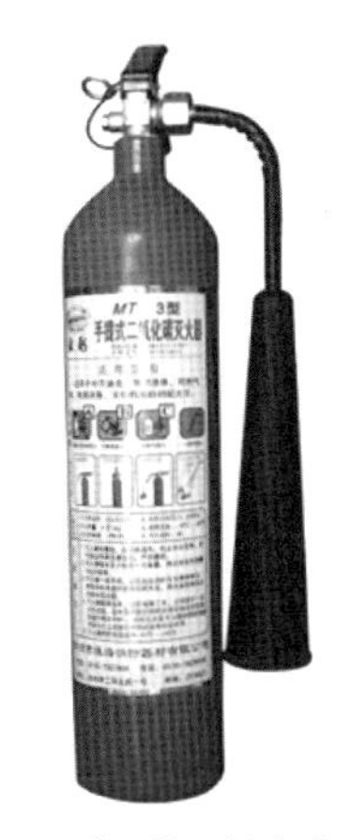

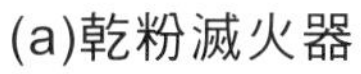
(a)乾粉滅火器　　(b)環保型滅火器　　(c)二氧化碳滅火器

圖 3-1　適用於電氣火災之滅火器

3-4　電氣火災的預防對策

一、使用適當的過電流保護裝置

為防止電路過電流，應在電路裝置適當的過電流保護裝置，例如：保險絲或無熔絲開關。當電路產生過電流時，保險絲會因發熱而熔斷，或因無熔絲開關之電磁作用而跳電，此時皆可藉此過電流保護裝置，而免於過電流而發生電線走火的危險。

二、電線不超過其安全電流

使用電氣設備應控制在安全電流值以下，尤其是未裝設過電流保護裝置的延長線或臨時用電之配線，常因未適當控制用電量而導致電路過載，故在設備使用前，應評估其用電量，一條延長線切忌同時提供二個以上用電量較大的電氣設備使用。

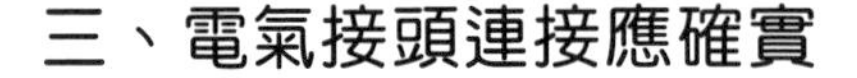

三、電氣接頭連接應確實

電氣接頭鬆動應立即換修，電線接續處最好使用焊接或夾接方式，並在接續處以防水膠布保護，確保絕緣性能。

四、電動機不可超載使用

電動機負載功率不得超過其額定輸出功率。例如：額定輸出功率為 746 瓦之電動機，若用於負載功率 850 瓦之使用條件，便會造成電動機超載而發熱。因此電動機在使用前，應先確認其額定輸出功率，勿使其用於超過額定輸出功率之負載條件。

五、電氣設施的定期維護與檢查

藉由電氣設施的定期維護與檢查，可及早發現潛在的危險。例如：電線是否破損、接頭是否鬆動、絕緣外殼是否脫落等。此外，應避免電氣設備堆積塵埃，設備一旦塵埃厚積，容易引發積污導電，進而發生火花引起燃燒或爆炸。立即處置發現的問題，可有效預防因設施缺陷所造成的危險。

六、電氣設備周圍不放置易燃物品

電氣設備在使用過程中，會產生電氣火花、電弧或電熱，這些都可能引燃易燃物品，因此電氣設備周圍不可放置易燃物品，例如：汽油、有機溶劑或可燃性氣體鋼瓶等。

七、危險場所應使用防爆電氣設備

在《用戶用電設備裝置規則》所稱危險場所之分類，爆炸性氣體場所，依其危險之程度，以第一種場所及第二種場所分類之，其詳細內容留待「第七章」再作進一步的說明。電氣爆炸的來源，大多係因火花及過熱溫升而起，而火花及過熱溫升的產生，除了人為因素（如電焊、打火機、火柴…等）之外，就屬電氣設備最易引發，因此，為了避免電氣產生的火花及過熱溫升引起危險，所以特別將在危險場所製作的電氣設備稱為「防爆電器」。

八、電熱設備應遠離易燃物品

烤爐、電熱器、烘乾機等電熱設備，應避免在易燃物品周圍使用，亦不應充當其原本用途以外之使用。例如：以電暖爐烘乾衣物，可能致使衣物意外被引燃。使用時應評估其周圍條件，以避免使其成為易燃、易爆物品的火源。

圖 3-2　發熱之電熱設備周圍勿放置易燃物

一、選擇題

(　　) 1. 高壓輸電設備或高壓設備帶電部位被接地物體接近時，空氣的絕緣破壞，引起火花放電，稱為 (1)跳電 (2)放電 (3)閃絡 (4)閃電。

(　　) 2. 電源插頭與插座間或電源線接續處，若接觸不良將使其間之 (1)電阻升高 (2)電阻降低 (3)電流增加 (4)電流減少。

(　　) 3. 絕緣物表面附著水分、灰塵等導體，則該等帶電之附著物間，會產生小規模的放電，絕緣物表面因而流通電流，結果形成異極電流之通路，稱為 (1)高壓放電 (2)積污導電 (3)表面導電 (4)電暈放電。

(　　) 4. 每公分之間隙有 (1)1000 伏特 (2)3000 伏特 (3)10000 伏特 (4)30000 伏特 將會產生電弧放電。

(　　) 5. 橡膠、木材等絕緣物中，若有電流流通之現象，受電氣火花而炭化時，炭化部分因而石墨化變為易導電，稱為 (1)積污導電 (2)電暈放電 (3)金原現象 (4)晶元作用。

(　　) 6. 電氣火災之滅火不宜使用 (1)二氧化碳 (2)海龍 (3)乾粉 (4)泡沫 滅火器。

(　　) 7. 下列何者不是電氣火災之特性？ (1)高溫 (2)導電 (3)無煙 (4)迅速。

(　　) 8. 電氣火災屬 (1)A 類 (2)B 類 (3)C 類 (4)D 類 火災。

(　　) 9. 下列敘述何者錯誤？ (1)無熔絲開關之容量應大於電源線之最大負載量 (2)電動機超載使用會使電動機內線圈發熱 (3)電弧是一種氣體放電現象 (4)電氣開關之接通與切斷時會在接點產生火花。

(　) 10. 下列何者不是電氣火災的原因？　(1)短路　(2)過載　(3)漏電　(4)以上皆是。

二、問答題

1. 試述電氣火災的原因。
2. 何謂過電流？如何防止過電流？
3. 何謂積污導電？何謂金原現象？
4. 試述電氣火災的特性及滅火方法。
5. 試述電氣火災預防的對策。
6. 試述電動機過載會造成什麼現象？

memo

電弧及電氣火花

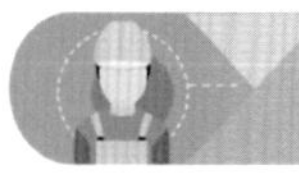

4-1 電弧

電弧是一種氣體放電現象，是電流通過某些絕緣介質（如：空氣）所產生的光與熱。空氣中電弧的形成，係因兩電極之間的電壓過高，而將不帶電的空氣離子化，形成弧光的電流通過（馮紀恩，1994）。衝破空氣介質形成的電弧，又稱為閃絡(flash-over)。電弧的形成，須視電極的形狀及所加之電壓的波形而定。例如：每公分的間隙有 30,000 伏特，便會在空氣中產生電弧放電。2~20 安培電流所產生電弧的溫度約為 2,000~4,000℃，足可熔化銅、鐵等金屬，對一般可燃材料更可立即引起大火。

火會熔化或燒毀絕緣體，即使電極間並未直接接觸，且導體間的電壓在 120 伏特以下，也會產生電弧。熱傳導氣體或燒焦的絕緣體，都可成為故障電流通路而引發電弧。導體間出現電弧時，雖彼此未接觸，但電弧中產生一電壓降，致使電弧中的故障電流遠較導體直接接觸時為小，此一現象會延長電路過載保護設施的跳開時間，而使電弧維持較長的時間。大火之後，帶電的電氣設備燒毀，會不斷產生電弧。遭火損傷燒焦的絕緣體、熱及導電的氣體，都會有電弧跨過。因弧柱本身的電阻，限制了電弧中的電流，因此在電路過載保護裝置動作之前，可能已受到相當損害。

為有效防止電弧造成的危害，作業場所的人員及設備，應與高壓電氣設施保持適當的安全距離。依職業安全衛生設施規則第 240 條之規定「雇主對於高壓或特高壓用開關、避雷器或類似器具等在動作時，會發生電弧之電氣器具，應與木製之壁、天花板等可燃物質保持相當距離。」

4-2 電氣火花

電氣火花是電氣開關之接通與切斷時產生電路之電流變化，且在接點產生火花放電。電氣火花的大小與單位時間的電流變化量或長時間的電容充電有關，例如：在極短的時間內產生巨大的電流變化，或大量充電的電容間隙會產生強烈的電氣火花，類似電弧之效應。由於觸點電路中存在電感，在接點斷開時電感上會出現過電壓，它與電源電壓一起加在接點間隙上，使剛分開一點距離的觸點間隙擊穿而放電。在電感電路採快速斷路觸點，或在電容電路採用慢速斷路觸點，都會產生較大的電氣火花。

依職業安全衛生設施規則第 255 條之規定「雇主對於高壓或特別高壓電路，非用於啟斷負載電流之空斷開關及分段開關（隔離開關），為防止操作錯誤，應設置足以顯示該電路為無負載之指示燈或指示器等，使操作職業易於識別該電路確無負載。」

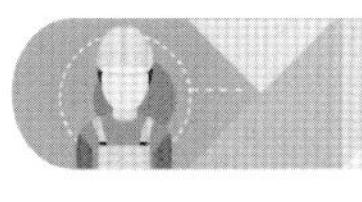

4-3 電弧及電氣火花危害

電弧及電氣火花除可引燃性物料亦可能造成工作人員的灼傷，電弧灼傷是電氣工作者除感電以外最可能傷害的原因。嚴重電弧發生點的高溫可使週遭的材料物質係被氣化或燒熔高溫後噴出，也有電弧強光、氣浪(blast)推力與爆炸聲響等傷害，其中如果工作者衣服被點燃則會造成身體更大面積的燒燙傷，而更易致命（曾元超，2008）。

美國燒傷協會(American Burn Association)在 1991~1993 年燒傷存活數據方面的研究結果指出：治療的存活率與受害者的燒傷面積比率有密切的關係，因此如何避免在萬一電弧事故發生時被灼傷，特別是衣服不能被點燃或熔化，成為防範電弧傷害的重點之一（註：熔化的衣服質料會增加傷口清理費時）。除直接燒傷致命以外，電弧氣浪壓力（或推力）是其次可能致命的傷害原因（或造成墜落），嚴重電弧事故受害者也可能遭受視力損害、聽力損失以及呼吸的、肌肉的、骨骼的或神經的系統損傷，所以對電弧傷害的完整防護應是從頭到腳的全身保護配備系統。

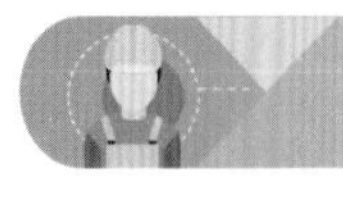

4-4 消弧作用

如欲降低因瞬間之巨大電流變化所產生的電氣火花，則開關之開啟及切斷應採用分段（Disconnecting Switch, D.S.；或稱隔離開關(Isolator)）及斷路器(Circuit Breaker,C.B.)控制，稱為「消弧作用」。如欲操作分段開關(D.S.)與斷路器(C.B.)，則在送電時，應 D.S.先開啟(ON)後，C.B.再開啟(ON)；斷電時，則係 C.B.先關閉(OFF)，D.S.再關閉(OFF)。所謂分段開關(Disconnecting Switch, DS)，係指只為隔離電路使用，不開閉電流之開關設備。斷路器(Circuit Breaker, CB)則係指能對常規正常狀態的電流，執行投入、通電、啟斷等動作，且在短路等異常狀態下，能執行投入、一定時間通電及啟斷等動作之開關設備。

依前述職業安全衛生設施規則第 255 條規定，空斷開關(Air Break Switch, ABS)是作為隔離與切換電路使用，無法啟斷負載電流，但可啟斷短距離線路充電電流及變壓器激磁電流之開關設備。隔離開關(Isolator)是分段開關與空斷開關之統稱。隔離開關的開關設備，可以隔離欲施行維護之設備與帶電活線設備，並保持一定距離以建立可靠之絕緣斷口。

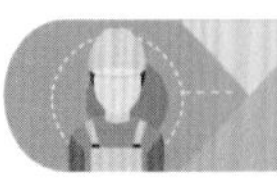

4-5 電弧危害預防措施

一、保持安全距離

工作者與發生電弧閃絡點距離越近，其灼傷越嚴重，因此防範電弧灼傷的重點應保持安全的距離，此距離即為安全界限，又稱閃絡保護界限(Flash Protection Boundary)。依職業安全衛生設施規則第 260 條規定，使勞工使用活線作業用器具，並對勞工身體或其使用中之金屬工具、材料等導電體，應保持下表所定接近界限距離：

充電電路之使用電壓（千伏特）	接近界限距離（公分）
22 以下	20
超過 22，33 以下	30
超過 33，66 以下	50
超過 66，77 以下	60
超過 77，110 以下	90
超過 110，154 以下	120
超過 154，187 以下	140
超過 187，220 以下	160
超過 220，345 以下	200
超過 345	300

二、穿戴耐電弧防護器具

電弧的熱效應比一般火焰還要嚴重，可以耐燃（或防感電）的質料未必可以抵抗電弧閃絡事件能量(incident energy)。因此對保護衣著系統的耐電弧額定能力判定，應依電弧測試專用的 ASTM 1506 與 ASTM 1959 規範為依據標準。一般定義的電弧閃絡保護界限的灼傷，其可治癒事件的能量值為 1.2 cal/cm^2。NFPA-70E 文件 130.7(c)(II)表格將電弧的危害風險種類(Hazard Risk Category)分為 4、8、25、40 cal/cm^2 等四個電弧能量等級，以搭配建議保護衣著至少穿上的層數（1-3 層以上）。對於嚴重電弧閃絡風險的完整防護應是使用從頭到腳的全部配備，如 NFPA 70E 的表格 130.7(C)(8)中列有 11 種從頭到腳部的保護設備，且必需依據美國訂的標準。

三、使用抗電弧(Arc-Resistant)開關設備

在封閉空間發生的電弧閃絡事故威力，比在開放空間發生大 3 倍以上，亦即發生在封閉開關箱中的電弧閃絡事故，遠較裸露的開放開關設備危險。因為一般開關箱結構設計是無法耐受電弧事故的發生，箱體將會被破壞變形並可能傷及附近人、物，是以美、加等國早已開始設計產製與應用各種類型的耐電弧故障的開關設備（相關抗電弧(Arc-Resistant)開關設備規範請參考 IEEE C37.20.7、IEC 62271 等文件）。此觀念影響所及在電氣工作安全上，形成供電中的開關箱門、背板等不得隨意打開的工安新意識，以及不打開箱門就可內視內部的新產品應運而生。

四、縮短斷路器隔離時間

電弧閃絡事故的威力能量是可以透過工程設計規劃予以適度控制縮小。關鍵技術在設法降低故障電流的專業措施，以及縮短事故發生時間（如縮短斷路器或電力熔絲的斷路隔離時間等）的保護協調，進而研討調整措施。

五、依照標準程序作業

電氣工作人員只要依照標準程序以及穿用適當的防護衣著設備，即可將電弧閃絡的傷害減至最小。在大於 40 cal/cm^2 能量的可能風險場所工作，則建議應採取停電作業。

一、選擇題

(　) 1. 電弧是一種氣體放電現象，電流通過某些絕緣介質（例如空氣）所產生的光與熱，又稱為 (1)跳電 (2)放電 (3)閃絡 (4)閃電。

(　) 2. 電氣火花常導因於 (1)電流 (2)電阻 (3)電壓 (4)電感 強烈的變化。

(　) 3. 為防電路過載，應裝置 (1)漏電斷路器 (2)無熔絲開關 (3)穩壓開關 (4)變壓器。

(　) 4. 在電感電路採 (1)快速 (2)間接 (3)直接 (4)慢速 斷路觸點，會產生較大之電氣火花。

(　) 5. 在電容電路採 (1)快速 (2)間接 (3)直接 (4)慢速 斷路觸點，會產生較大之電氣火花。

(　) 6. 為降低瞬間之巨大電流變化，而產生電氣火花，在送電時，應採 (1)分段開關先開，再開斷路器 (2)斷路器先關，再開分段開關 (3)斷路器與分段開關同時開 (4)先關分段開關，再開斷路器。

(　) 7. 為降低瞬間巨大電流變化所產生的電氣火花，在斷電時，應採 (1)分段開關先開，再開斷路器 (2)斷路器先關，再關分段開關 (3)斷路器與分段開關同時開 (4)先關分段開關，再開斷路器。

(　) 8. 導體間出現電弧時，雖彼此未接觸，但電弧中會產生一電壓降，而使電弧中的故障電流遠較導體直接接觸時為小，此一現象會 (1)延長 (2)縮短 (3)不影響 (4)變動 過載保護設施的跳開時間。

(　　) 9. 為有效防止電弧造成的危害，作業場所的人員及設備，在與高壓電氣設施之間，應　(1)增加接地效果　(2)保持安全距離　(3)降低絕緣阻抗　(4)增加電感效應。

(　　) 10. 只為隔離電路使用，不開閉電流之開關設備，稱為　(1)斷路器　(2)分段開關　(3)電源開關　(4)媒介開關。

(　　) 11. 作為隔離與切換電路使用，無法啟斷負載電流，但可啟斷短距離線路充電電流及變壓器激磁電流之開關設備，稱為　(1)斷路器　(2)空斷開關　(3)電源開關　(4)媒介開關。

(　　) 12. 隔離開關為　(1)分段開關與斷路器　(2)分段開關與空斷開關　(3)斷路器與電源開關　(4)媒介開關與斷路器　之統稱，此種開關設備可以隔離欲施行維護之設備與帶電活線設備，並保持一定距離，建立可靠之絕緣斷口。

二、問答題

1. 試述電弧的成因及特性。
2. 試述電氣火花的成因及特性。
3. 何謂消弧作用？其具體作法為何？
4. 試述《職業安全衛生設施規則》第 255 條中，關於防止電弧造成的危害之規定有哪些？
5. 如欲防止電氣火花及電弧的發生，則分段開關(D.S.)與斷路器(C.B.)的正確操作程序為何？

電氣安全防護

5-1 漏電斷路器

漏電斷路器（圖 5-1）為一種低電壓電路的電氣安全裝置，具有偵測低漏電電流之功能，且能在極短時間內將漏電電路啟斷，以避免因漏電而引起的感電災害或電氣火災。

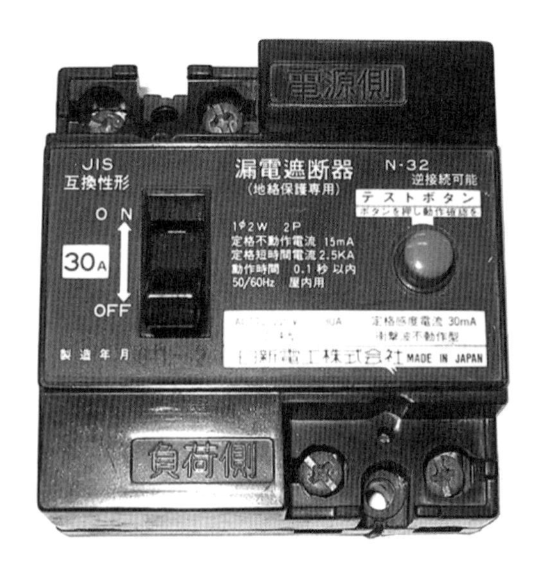

圖 5-1 漏電斷路器

一、漏電斷路器的種類

依啟斷電流之動作類型分為電壓動作型及電流動作型兩類。現在普遍使用者多為電流動作型。

(一) 電壓動作型

誠如圖 5-2 之電壓型漏電斷路器示意圖所示，當器具絕緣劣化而發生漏電時，漏電（接地故障）電流乃從外殼經接地保護開關之動作線圈及接地線而流入大地，產生漏電迴路電流，開關即動作切斷電源。電壓動作型漏電斷路器之靈敏度隨接地電阻值而變，如漏電迴路施加於跳脫線圈之電壓比漏電斷路器之額定電壓低，就不動作，故近來已鮮少使用。

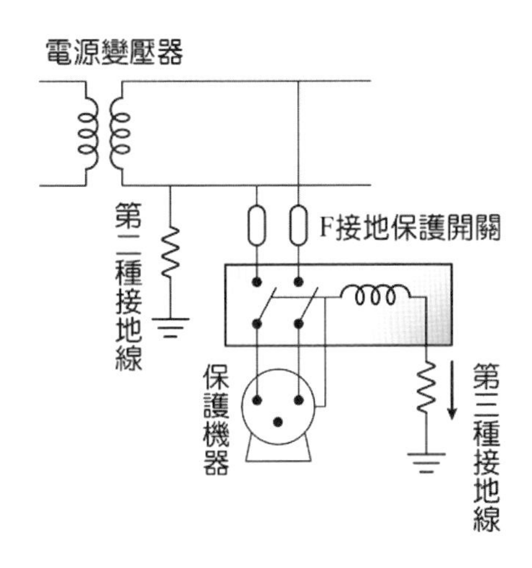

圖 5-2　電壓型漏電斷路器示意圖

(二) 電流動作型

如圖 5-3 之電流動作型漏電斷路器示意圖所示，當器具發生漏電時，漏電電流使兩條電源線間之電流失去平衡，如圖中之 I_1 及 I_2 不相等，結果零相比流器隨即檢出，當 I_1 及 I_2 相差超過額定電流（一般為 30mA），立即啟動開關切斷電源。

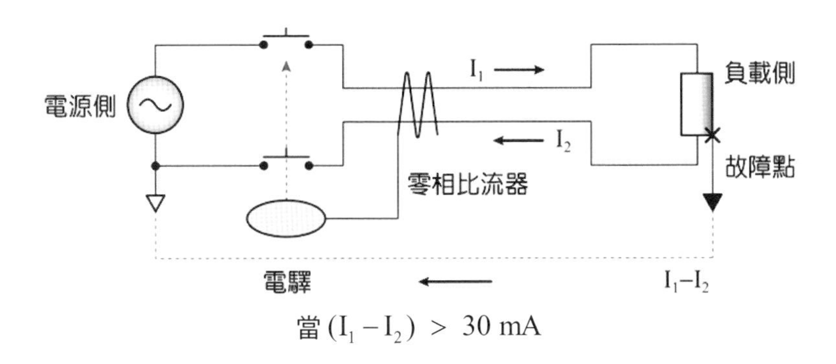

圖 5-3　電流動作型漏電斷路器示意圖

二、漏電斷路器的性能

(一) 感　度

分為高感度型及中感度型兩種（表 5-1）：

1. 高感度型：係指額定動作電流在 30 毫安(mA)以下者。
2. 中感度型：係指額定動作電流在 50 毫安(mA)以上，1,000 毫安(mA)以下者。

(二) 動作時間

1. 高速型：於額定動作電流之動作時間為 0.1 秒以下，以防止感電事故為主要目的者。
2. 延時型：於額定動作電流之動作時間為 0.1 秒以上，2 秒以下。主要用於發生漏電時，安全防護上不能立即啟斷者或選擇啟斷協調之要求者。

三、漏電斷路器的選擇

(一) 以防止感電事故為目的而裝置漏電斷路器者

應採用高感度高速型。惟用電設備另施行外殼接地，其設備接地電阻值如未超過漏電保護接地電阻值(參見表 5-2)，且動作時間在 0.1 秒以內(高速型)，得採用中感度型之漏電斷路器。

(二) 防止感電事故以外目的而裝置漏電斷路器者

例如：防止火災及防止電弧損傷設備等，得依其保護目的選用適當之漏電斷路器。

表 5-1　漏電斷路器的性能

類　別	額定感度電流（毫安）		動作時間
高感度型	高速型	3、15、30	額定感度電流 0.1 秒以內
	延時型		額定感度電流 0.1 秒以上，2 秒以內
中感度型	高速型	50、100、200、300、500、1000	額定感度電流 0.1 秒以內
	延時型		額定感度電流 0.1 秒以上，2 秒以內

註：漏電斷路器之最小動作電流，係額定感度電流 50% 以上之電流值。

表 5-2　漏電保護接地電阻值

漏電斷路器額定感度動作電流（毫安）	接地電阻(Ω)	
	潮濕處所	其他處所
30	500	500
50	500	500
75	333	500
100	250	500
150	166	333
200	125	250
300	83	166
500	50	100
1000	25	50

四、法規要求應裝設漏電斷路器的場所

(一) 用戶用電設備裝置規則

1. 建築或工程興建之臨時用電設備。
2. 游泳池、噴水池等場所水中及周邊用電設備。
3. 公共浴室等場所之過濾或給水電動機分路。
4. 灌溉、養魚池及池塘等用電設備。
5. 辦公處所、學校和公共場所之飲水機分路。

6. 住宅、旅館及公共浴室之電熱水器與浴室插座分路。
7. 住宅場所陽台之插座及離廚房水槽 1.8 公尺以內之插座分路。
8. 住宅、辦公處所、商場之沉水式用電設備。
9. 裝設在金屬桿或金屬構架之路燈、號誌燈及廣告招牌燈。
10. 人行地下道、路橋用電設備。
11. 慶典牌樓、裝飾彩燈。
12. 由屋內引至屋外裝設之插座分路。
13. 遊樂場所之電動遊樂設備分路。

(二) 職業安全衛生設施規則

雇主對於使用對地電壓在 150 伏特以上移動式或攜帶式電動機具，或於濕潤場所、鋼板上或鋼筋上等導電性良好場所使用移動式或攜帶式電動機具，及於建築或工程作業使用之臨時用電設備，為防止因漏電而生感電危害，應於各該電路設置適合其規格、具有高敏感度，且能確實動作之感電防止用漏電斷路器。

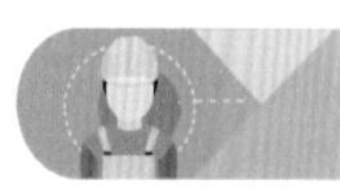

5-2 過電流保護裝置

一、低壓熔絲

低壓熔絲從外觀上可分為：塞頭形熔絲、管形熔絲、線狀熔絲（指露裝保險絲）、鏈熔絲（指露裝之保險絲片）等。熔絲乃利用低熔點金屬合金線受高溫熔斷的特性動作，直接串聯在電路上，具有切除電路過電流的功能。熔絲的優點為價格低廉、啟斷容量大（加上消弧裝置的熔絲），缺點為只能使用一次，無法重覆使用，且電流值不能調整，小量過電流時動作時間較長。低壓熔絲一般俗稱保險絲，提供過載或過電流保護。

二、無熔絲開關

無熔絲開關乃一種低壓過電流保護用斷路器，當電路發生短路故障時，可啟斷故障電流，無須更換熔絲，可復閉使用；電路正常時，可啟斷負載電流，開關本體具有過載、短路保護的特性。

依動作原理可分為熱動式及電磁式兩種。此外，應依用途（如：分電盤、一般配線、馬達…等）選用不同形式及額定電流，開關附屬裝置（如：電氣指示、低電壓跳脫、機械連鎖…等）亦應依不同需求來作選用。

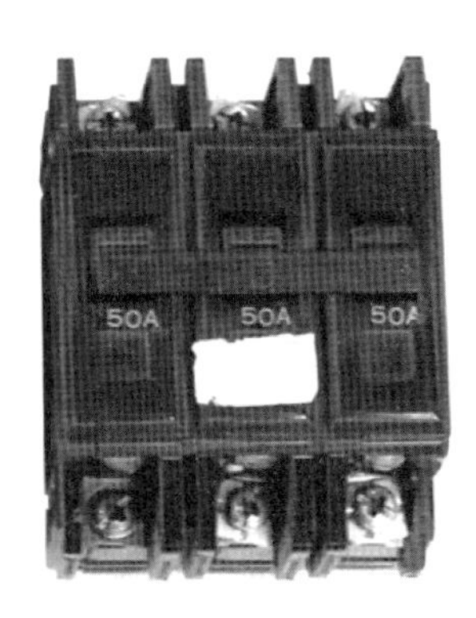

圖 5-4　無熔絲開關

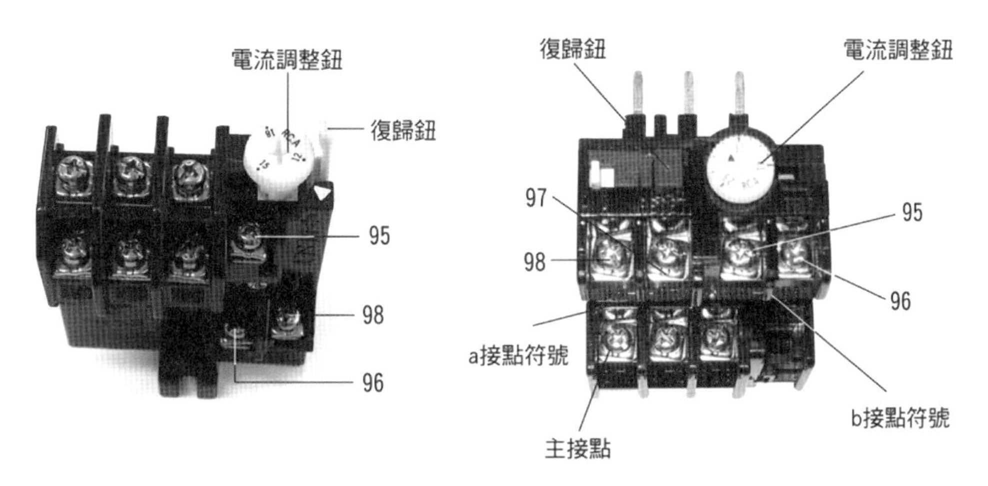

圖 5-5　積熱電驛

三、積熱電驛

積熱電驛屬於一種過載的保護裝置，以雙金屬片為主要元件，配合電磁接觸器常使用在三相電路中，例如電動機、電熱類負載之過負荷保護。

四、配電函

配電函為一閘刀開關內裝線狀熔絲，串接一只電流表，作為負載的短路保護及電流指示用。配電函控制方式有把手式和按鈕式兩種，本體具有防塵功能。

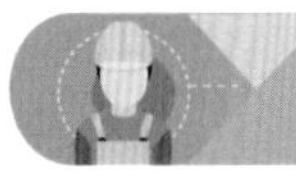

5-3 電氣接地

接地裝置係為避免人員因電氣設備或線路絕緣劣化、損壞等因素，而導致發生漏電感電危險。一般接地裝置可分為：特種、第一種、第二種、第三種及避雷器接地（表 5-3）。電氣接地依其特性功能又分為系統接地及設備接地。

一、系統接地

係將電力系統帶電部分實施接地，其能以大地為基準電位，並作為電氣之迴路。

二、設備接地

係將電氣設備不帶電的金屬外殼實施接地，其能使漏電電流導入大地，以預防感電為主要目的。

表 5-3　各種接地之電阻條件

種　類	接地電阻值	適用場所
特種接地	10Ω 以下	三相四線多重接地系統之低壓電源系統接地
第一種接地	25Ω 以下	非接地系統之高壓用電設備接地
第二種接地	50Ω 以下	三相三線非接地系統之低壓電源系統接地
第三種接地	對地電壓: (1) 150V 以下－100Ω 以下 (2) 151V～300V－50Ω 以下 (3) 301V 以上－10Ω 以下	(1) 低壓用電設備接地或內線系統接地 (2) 變壓器、比壓器的二次側系統接地 (3) 支持低壓用電設備之金屬體設備接地
避雷接地	10Ω 以下	避雷器接地

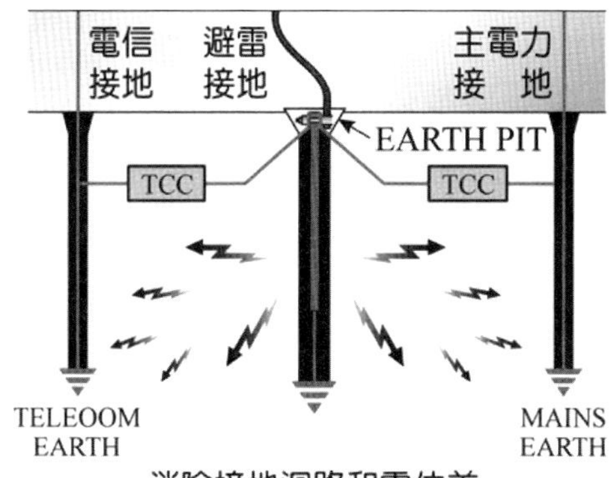

圖 5-6　接地裝置

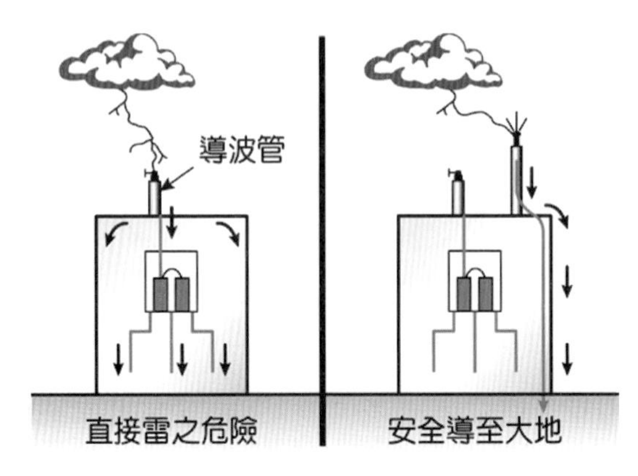

圖 5-7　避雷裝置

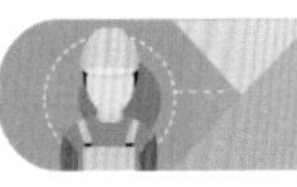

5-4　自動電擊防止裝置

對於勞工處於良導體機器設備內的狹小空間，或處於鋼架等可能觸及高導電性接地物的場所中作業時，其所使用的交流電焊機，應有自動電擊防止裝置。

自動電擊防止裝置，係將非焊接中之電焊機輸出側電壓降至 25 V 以下之安全電壓，以避免電焊機輸出側發生感電災害。自動電擊防止裝置的基本原理，係利用一輔助變壓器輸出安全電壓，在沒有進行焊接時，取代電焊機變壓器之無載電壓（圖 5-8）。在焊條未接觸母材前，電焊機變壓器主電路為開路，電焊機輸出側電壓由自動電擊防止裝置之輔助變壓器提供安全電壓；在焊條接觸母材後，經過一段起動時間（0.06 秒以內），電焊機變壓器主電路閉合且開始焊接，在焊接結束後，約經 1 秒之延遲動時間，電焊機變壓器主電路又開路，此時電焊機輸出側電壓又由自動電擊防止裝置之輔助變壓器提供安全電壓。

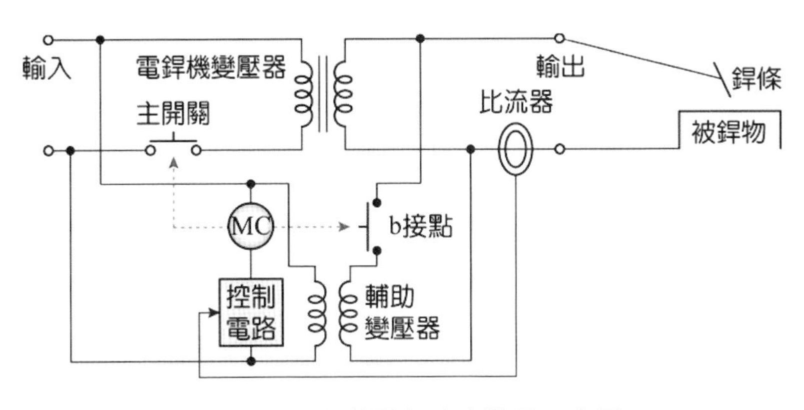

圖 5-8　自動電擊防止裝置示意圖

自動電擊防止裝置的種類，依檢測信號的方式可分為：電流檢測型、電壓檢測型及電壓電流檢測型；另依自動電擊防止裝置安置於電焊機鐵殼內外之方式，可分為內藏型與外裝型。目前國產自動電擊防止裝置以電流檢測型及外裝型較多。

圖 5-8 所示之電流檢測型，在沒有焊接時電磁接觸器(MC)主開關打開，而其 b 接點閉合。當焊條接觸母材時，電流檢測器（通常為比流器(CT)）將所測信號送至控制電路，使 MC 線圈激磁，電磁接觸器主開關及 b 接點分別閉合及打開。在焊接過程中，電流檢測器送至控制電路之信號，使電磁接觸器主開關保持閉合狀態。當焊接停止，電流檢測器不再有信號送至控制電路，經過一段遲動時間後，MC 線圈失去激磁，電磁接觸器主開關打開及 b 接點閉合。因為電流檢測器必須要能偵測出起動時的小電流與焊接時的大電流，因此電流檢測器的品質，相對地也要更為精密。由於受到電流檢測器的限制，此型之起動電阻較小，此外電流偵測的反應時間較長亦會增加起動時間。

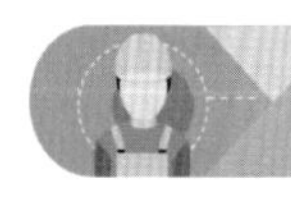

5-5 其他電氣安全防護裝置

一、避雷裝置

裝置避雷器的目的，係使線路異常高壓突波所含電能，能瞬間經由接地導線放電消失，以保護電氣設備安全。避雷器應裝於近屋線隔離開關的電源側，如裝於屋內，則位置應遠離通道及建築物之可燃部分，且以安裝在金屬箱內為宜。

避雷裝置（圖 5-9）包括：

1. **突針**：金屬製的端子，突出於空中約 25～60 公分高，為直徑在 12 公厘以上的銅、鋁或鐵金屬棒。
2. **下引導線**：為連接突針、屋脊上導體與接地電極的導線。
3. **接地電極**：為埋設在地下的導體，以銅板、鍍鋅鋼板等構造，連接下引導線與大地，面積約為 0.35 平方公尺，電阻在 10 歐姆以下。

避雷導線須與電燈電力線、電話線、瓦斯管相距至少 1 公尺以上。

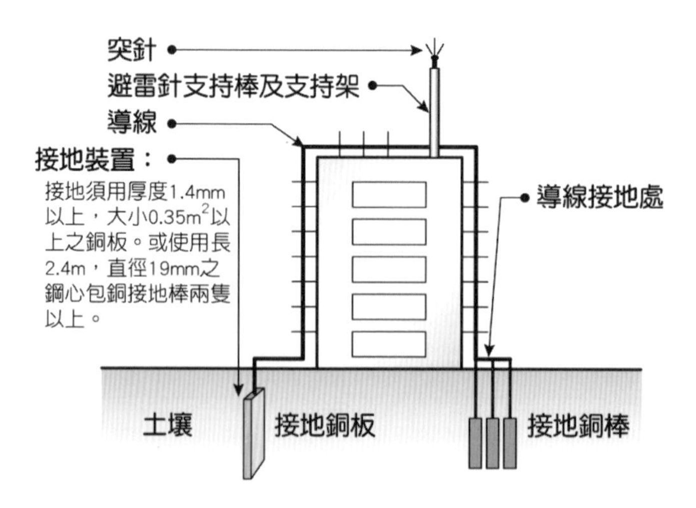

圖 5-9 避雷設備各部名稱位置

二、防爆電氣設備

在具有易燃性氣體、蒸氣或粉塵可能存在的場所，為能有效防止所使用之電氣設備成為引火源，因此在這種危險性區域安置的電氣設備，都必須具有防爆功能的設計（防爆電氣內容詳見第 7 章）。防爆電氣構造及種類依 CNS 國家標準（同 IEC）分類，包括如下各項：

- 本質安全防爆 (Intrinsic Safety)。
- 耐壓防爆 (Flameproof)。
- 正壓（或稱內壓）防爆 (Pressurization)。
- 增加安全防爆 (Increased Safety)。
- 油浸防爆 (Oil-Immersion)。
- 填粉防爆 (Powder Filling)。
- 模鑄防爆 (Encapsulation)。
- 保護型防爆 (Type of Protection)。
- 其他特殊種類 (Special type)。

一、選擇題

(　) 1. 漏電斷路器中，能檢出電流不平衡之元件為　(1)三相　(2)二相　(3)單相　(4)零相　比流器。

(　) 2. 電流型漏電斷路器係指當兩條電源線間之電流，失去平衡相差超過額定電流時，會立即啟動開關切斷電源，高速型額定電流一般設定為　(1)20 mA　(2)30 mA　(3)50 mA　(4)100 mA。

(　) 3. 電流型漏電斷路器的額定動作電流之動作時間，高感度型設定為　(1)0.1 秒　(2)0.5 秒　(3)1.0 秒　(4)1.5 秒。

(　) 4. (1)無熔絲開關　(2)積熱電驛　(3)變壓開關　(4)穩壓開關　係指一種過載的保護裝置，以雙金屬片為其主要元件，配合電磁接觸器，常使用在三相電路中保護如電動機、電熱類負載之過負荷保護。

(　) 5. 下列何者不屬過電流保護裝置？　(1)無熔絲開關　(2)積熱電驛　(3)變壓開關　(4)配電函。

(　) 6. (1)設備　(2)系統　(3)電力　(4)分開　接地可將電力系統帶電部分實施接地，其功能為：以大地為基準電位，並作為電氣之迴路。

(　) 7. (1)設備　(2)系統　(3)電力　(4)分開　接地可將電氣設備不帶電之金屬外殼實施接地，其功能為：使漏電電流導入大地，以預防感電為主要目的。

(　) 8. 依《用戶用電設備裝置規則》之規定，辦公處所、學校和公共場所之飲水機分路，應裝置　(1)無熔絲開關　(2)漏電斷路器　(3)變壓開關　(4)穩壓開關。

(　) 9. 第一種接地之接地電阻不得大於　(1)10 歐姆　(2)25 歐姆　(3)30 歐姆　(4)50 歐姆。

(　) 10. 第二種接地之接地電阻不得大於　(1)10 歐姆　(2)25 歐姆　(3)30 歐姆　(4)50 歐姆。

(　) 11. 電壓 110 伏特低壓用電設備之第三種接地之接地電阻，不得大於　(1)10 歐姆　(2)25 歐姆　(3)50 歐姆　(4)100 歐姆。

(　) 12. 一般電腦所使用之三孔插頭，其中之圓形插銷為　(1)系統　(2)設備　(3)故障　(4)性能　接地線。

(　) 13. 自動電擊防止裝置係將非焊接中之電焊機輸出側電壓降至　(1)25 V　(2)50 V　(3)70 V　(4)100 V　以下之安全電壓。

(　) 14. 交流電焊機使用自動電擊防止裝置時，當焊條接觸母材，電流檢測器將所測信號送至控制電路切換高電壓迴路，通常此元件稱為　(1)比容器　(2)比壓器　(3)比相器　(4)比流器。

(　) 15. 避雷導線須與電燈電力線、電話線、瓦斯管至少相距　(1)0.5 公尺　(2)1.0 公尺　(3)1.5 公尺　(4)3 公尺　以上。

(　) 16. 避雷針所連接之接地線，其接地電阻不得超過　(1)10 歐姆　(2)25 歐姆　(3)50 歐姆　(4)100 歐姆。

(　) 17. 在具有易燃性氣體或蒸氣可能存在的場所，為了防止使用之電氣設備成為引火源，置於這種危險性區域的電氣設備，須具有　(1)防火　(2)防爆　(3)防靜電　(4)絕緣　功能之設計。

二、問答題

1. 何謂過電流保護裝置？其種類為何？
2. 試述漏電斷路器之原理、功能及分類。
3. 試述自動電擊防止裝置之原理、功能及分類。

4. 試述電氣接地之種類及其功能。
5. 試述各種接地電阻之分類及條件。
6. 試述防爆電氣設備之構造及種類。

靜電安全

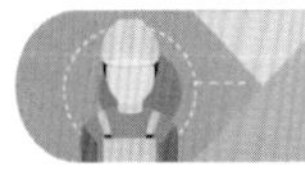

6-1 靜電的產生

靜電是指絕緣物質上攜帶的相對靜止的電荷，若相接觸之兩種不同物質分離時，在分離物體上，由於物質間對電子的吸引力不同，因得到或失去電子而產生電荷，若這些電荷不能離開，則成為靜電。

摩擦產生靜電的原因，是兩種物質在一起摩擦，其中一種物質內的電子可能被驅脫離其軌道，因而進入另一物質中。獲得電子的物質帶負電荷，失去電子的物質帶正電荷。

換言之，亦即當兩種物質互相摩擦時，由於摩擦面的密切接觸，物質內有些電子軌道可相互交叉運行，某一物質可驅使電子進入另一物質。這種現象發生後，兩種物質就有靜電存在，也就是一般所謂的摩擦產生靜電。至於哪一物質帶有正電或負電，則由其容易失去或得到電子來決定。

在表 6-1 所示之各種物質的帶電序列中，左側為陽（正）電側，右方為陰（負）電側。表中的兩種物質相互接觸再分離之時，在左邊的物質帶正電，在右邊的物質帶負電。兩物質的帶電序列距離愈遠，其所產生的電荷量愈大。

表 6-1　各種物質的帶電序列

陽電側	玻璃	頭髮	尼龍	羊毛	嫘縈	絹	棉布	醋酸絲	奧龍、綿混紡	紙	麻	鋼鐵	合成橡膠	聚乙烯	賽璐璐	照相軟片	陰電極

(+) ⇒ (−)

只要兩物質的表面保持接觸，則每一接觸表面的電極就相反，由此可知，結合處的電是中性的。物質靜電量的大小，基本上依物料的性質、兩接觸表面的面積以及其幾何結構而定。

以下所列為常見之產生靜電的情形：

1. 繞過滑輪上快速轉動的皮帶或經由機器滾筒上運轉的紙或布都會產生靜電。
2. 流經管線或軟管之非導電的液體。
3. 自空中以滴狀落下或噴射的液體。
4. 儲槽中被攪動的液體或當空氣或其他氣泡穿過這些非導電的液體時，也都會產生靜電。
5. 石油、溶劑、苯、乙醚及二硫化碳等物質，也常會發生並累積靜電，特別是在流經網面或濾清器的時候。貝殼(Shell)石油公司曾做過一項調查，欲探討在有濾嘴燃料的油槽內之所以產生火花的原因，而調查結果顯示，縱然管路已經接地，但在使用濾清器時，仍會產生長達 60 公分的火花；若不使用濾清器，則不會有火花產生。
6. 以高速自噴頭放出的氣體也可能產生靜電，尤其在該氣體帶有液體或固體的粒子時。例如：德國就曾發生使用二氧化碳滅火系統去撲滅可燃性的氣體，卻導致靜電的產生，因而引發靜電火花，最後造成可燃性氣體突然爆炸燃燒的案例。
7. 穀物和金屬粉塵的運動也會產生靜電，常見於處理飼料、種子、香料、糖、澱粉、可可、樹脂，以及金屬粉末的工廠。

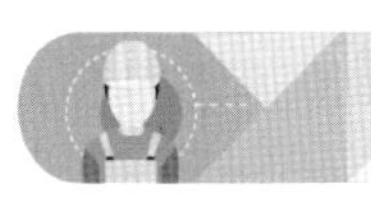

6-2 流體產生的靜電

流體產生靜電的種類可分為下列幾種：

1. 流動液體與固體表面的摩擦。
2. 液體流動時接觸其他液體之間的摩擦。

3. 將液體向空中噴射。

4. 懸浮的固體或液體異物下沉，或泡沫通過液體向上運動。

5. 濕氣中雨、雪、霰的運動。

由可燃性之流體所產生的靜電累積會特別危險，因為放電能使其成為發火源，導致產生靜電液體的燃燒。當一種流體因其具有較低的導電性而易帶靜電時，每當其流動，電荷便會隨之累積增加，這種運動累積的情形，稱為「流動電荷」。此流動電荷會以極具危險的量與燃料一同進入儲槽，一旦液體進入儲槽，其電荷可能需要耗費數小時的時間才能消失；電荷消失的時間，視流體弛緩時間(relaxation time)與儲槽的構造材料之不同來決定。

在噴霧處理中，兩種物料迅速分離而產生帶電的粒子，噴霧生電與流動液體的帶電不同。噴霧處理中，所有的正負電荷會保留在產生電荷的霧滴上，非常細小的粒子帶負電，較大的霧滴帶正電，而較大的霧滴在下沉時會帶負電離開空氣。儲槽中帶電的燃料與儲槽壁、儲槽頂(roof)之間產生火花的機率，因儲槽空氣中霧氣離子化的情況而升高。如果儲槽外面有移動的車輛，燃料的飛濺(sloshing)可能衍生其他的帶電情形。由此可知，灌裝燃料儲槽，是一項高危險性的作業，其危險程度與灌裝儲槽的速度及儲槽的大小成正比。

儲槽表面上的金屬物體(如:飄浮物)，其作用有如一塊電容器的板(Plate)，收集並累積燃料的電荷，使危險性加劇。若將儲槽壁與槽頂作為電容器的另一塊板，則其電位亦會隨兩者之間距離的縮小而增加，倘若電荷夠多的話，就會產生火花。此外，由於儲槽中的空氣充滿帶離子之粒子的燃料蒸氣，因此可供構成火花的電位遠較在乾燥空氣中所需的電位小得多。

如果在儲槽上使用不導電的塗料(coating)，便會增加燃料儲槽內產生火花的傾向，因為這些不導電的塗料會減低電荷從儲槽表面被引導離開的能力，也會讓液體電荷弛緩減少。如此一來，整個儲槽就像個巨大的電容器，易在液體與槽壁之間，或在液體與變成電極的物體（如插進要灌裝的儲槽的軟管出口(hose nozzle)）之間產生火花。

除了前述影響固體物質產生靜電的因素之外，會影響流動電荷產生速率的因素，還包括下列各項：

1. 流動的速度與流動量。
2. 汙染物質。液體中的汙染物質會增加產生靜電的速率，因此為避免汙染物進入，可以過濾(filtration)的方法將其移除，以減少此種傾向。諸如異物，添加物、水及氧化生成物等汙染物質在儲存過程中形成，甚至很少量的不溶解的碳或固體的碳氫化合物出現，必定增如靜電的傾向。液體儲槽中的汙染物的沉澱(sedimentation)也會造成靜電，由於流動或噴霧生電而增加靜電的累積，並提高電位。不論是比儲槽中的液體重的粒子下沉，或較輕的氣體，流體泡沫或某種特殊物質的上升，汙染物都會因此而移動，形成的電位視每單位體積的液體所含的汙染物而定。
3. 溫度：溫度升高時，生成的離子和電子普遍有減少的傾向，此乃溫度增加，液體黏性與摩擦力降低之故。此外，溫度的升高，也會使得一些燃料的氧化作用加速，產生汙染流體的粒狀物質。
4. 輻射：紫外線與α射線會增加氧化，相對增加產生靜電的效用。
5. 大氣電荷：在閃電雲(thunder cloud)中產生的大電位是由於雨、雪、雹的運動而生電，而且很多調查結果顯示，雨、雪上的電，雖然個別的電荷很小，但大量粒子卻能產生龐大電荷的累積。這些電荷會增加靜電火花出現的機率。

茲將因流體流動而引起的靜電所造成的危害之實例，列示如下：

1. 由燃料或其他液態化合物流經灌裝管路引起火花，造成石油、航空、化學等工業的火災。
2. 當油料輸入儲槽中時，產生使儲槽中的蒸氣燃燒的流動電荷，而引發油輪的爆炸及毀滅。
3. 在空中航行的飛機所產生的電荷，會干擾通訊及其他電氣設備。

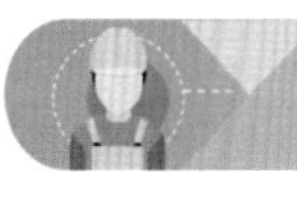

4. 由直升機旋轉葉片所產生的電荷，會使觸碰未著陸直升機的人員或機上的乘座人員遭受嚴重的電擊。
5. 工廠中的噴霧作業，造成靜電起火燃燒。

6-3 靜電危害

靜電所引起的危害主要如下：

1. 靜電火花放電，使可燃性氣體、蒸氣或粉塵發生火災爆炸。
2. 靜電放電時，對人體產生電擊（表 6-2），使人產生震驚而引起二次傷害，如：墜落。
3. 靜電的衝擊與干擾會使電腦產生錯誤動作，造成電子元件的損壞。
4. 靜電感應會引起通信系統的雜訊干擾及控制系統誤動作。

靜電能量釋放過程會出現放電現象，在物體帶靜電時會出現靜電力之力學現象，其引起之災害與障礙如圖 6-1 所示。

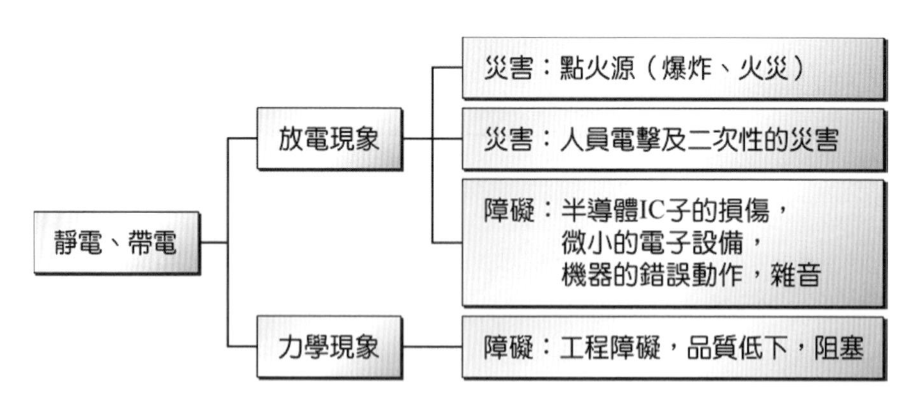

圖 6-1　靜電引起的災害與障礙關係圖

靜電累積會引起放電現象與力學現象，放電能量可經由放電電壓電容而獲得，放電能量公式為

$$E = \frac{1}{2}CV^2$$

E：能量，單位：焦耳 (J)
C：電容，單位：法拉 (F)
V：電壓，單位：伏特 (V)

電力大小可以由介電係數與帶電物體表面電荷獲得，公式為：

$$F = \frac{1}{2}\frac{q^2}{\varepsilon}$$

F：電力，單位：牛頓(N)
ε：介電係數，單位：庫倫 ^{2}／牛頓(C^2/N)
q：帶電物體表面電荷，單位：庫侖(C)

其中，若放電能量大於環境中可燃性物質的最小引火能量，將會導致火災爆炸事故。若環境中無可燃性物質，當放電電流流經人體時亦會產生電擊事故。

一般機械產生的靜電約為 50 毫焦耳，人體產生的靜電約為 10 毫焦耳，一般碳氫化合物的最小著火能約 0.25 毫焦耳，乙炔之最小著火能約 0.02 毫焦耳，由此可知，無論是機械設備或甚至是人體產生的靜電，皆足以使可燃性氣體與蒸氣產生燃燒、爆炸。

表 6-2　人體帶電與電擊的關係

人體帶電電位（kV）	電擊的程度	備　註
1.0	完全沒有感覺	
2.0	手指的外側有感覺但不會痛	發出微小的放電聲
2.5	放電的部分有觸到針的感覺，會感覺到抽搐，但不會痛	
3.0	針刺的感覺，不會痛，但感覺很清楚	
4.0	手指疼痛，像被針深刺的感覺	
5.0	手掌或到前手臂感到被電擊後手臂很重	看得到放電發出的光
6.0	手指感覺到強烈的疼痛，感覺到被電擊後手臂很重	從手指發出放電的光
7.0	手指、手掌感覺到強烈的疼痛與麻木	
8.0	手掌或到前手臂感覺到麻木	
9.0	手腕感覺到強烈的疼痛，感覺到手臂麻木很重	
10.0	整隻手臂感覺到疼痛，有電流流過的感覺	
11.0	手腕感覺到強烈的麻木，整隻手臂感覺到強烈的電擊	
12.0	感覺到整隻手臂被強烈電擊重重的打到	

物質上累積的靜電若遇到導電性甚低的絕緣物質，則電子的流動受阻，充電的兩物質之表面迅速分離之後，多餘的電子仍停留在絕緣物質的表面。若以 Q 表示靜電荷，Q_g 表示靜電產生量，Q_r 表示靜電弛緩量（即靜電排洩至大地或流向異性電荷的量），S 表示絕緣物質，以圖 6-2 說明 Q 的帶電量。當 Q_g 產生之後，皆欲經 S 的方向逃向大地，但若 S 為絕緣物質，電阻甚大，靜電弛緩(relaxation)甚慢，雖然靜電 Q 不是永遠不變，但要使 $Q=0$，需一段時間。

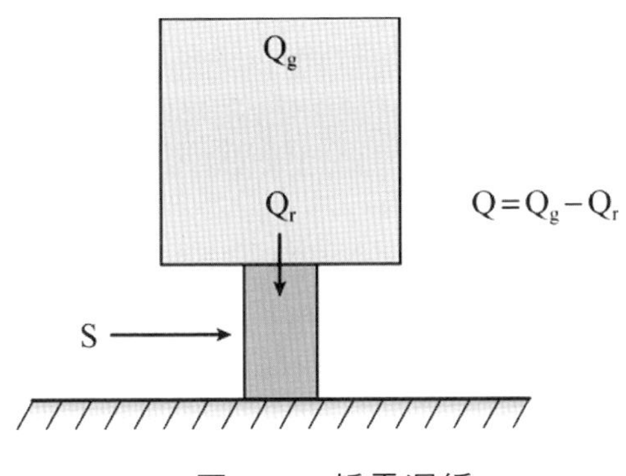

圖 6-2　靜電遲緩

靜電消失的過程稱為弛緩。弛緩的速度與物質的電阻係數有關。假設絕緣物 S 的斷面積為 A，長度為 L，S 的電阻 R 有如下式：

$$R=\rho\frac{L}{A} \quad 或 \quad \rho=\frac{RA}{L}$$

式中 R 的單位為歐姆(Ω)

A 的單位為平方公尺(m^2)

L 的單位為公尺(m)

ρ 的單位為歐姆–公尺(Ω–m)，稱為電阻係數。

電阻係數的倒數稱為導電率。可燃性液體的電阻係數在 $10^{11}\sim10^{15}$ 歐姆–公分之間較易帶電，特別是在 10^{13} 歐姆–公分之時。表 6-3 為各物質的電阻係數。

表 6-3 為各物質的電阻係數

物質名稱	電阻係數（Ω－cm）
原　油	$10^{9} \sim 10^{11}$
燈　油	10^{13}
汽　油	$10^{13} \sim 10^{14}$
甲　苯	2.5×10^{13}
二甲苯	2.8×10^{13}
苯	1.6×10^{13}
己　烷	4×10^{14}
丙　酮	$10^{7} \sim 10^{10}$
甲　醇	10^{9}
聚乙烯	10^{21}

6-4 靜電控制

靜電的形成難以避免，但在其形成之初，應儘速將其電荷導引移除，以防其累積。防範靜電累積的方法包括：連結、接地、離子化、收集器、中和器、增加作業場所的濕度或合併運用等，這些方法可使分離的正負電荷在大量累積前重新結合，避免釋放火花。

一、連結和接地

在危險場所中，機器的所有金屬部分都有產生靜電的可能，因此必須予以連結(Bonding)或接地。連結係指使用導體或導線(Conductor)將兩種或兩種以上的導電物體連接起來的行為。接地係指將一種或一種以上的導電體連接到大地電位(Ground potential)的過程。連結與接地的主要目的，在於減少金屬物體之間與物體和大地之間的電位差(Potential differences)，亦即連結兩物體，使其電位相同，不致產生火花放電的現象。將導電物體接地，可使產生的靜電迅速流入大地，如此一來，充電物體與其他附近物體之間的電位差不再存在，自然減少產生火花的威脅。

連結和接地的接線(connections)中的電流以毫安培計。由於電流小，低電阻的接地線並不重要。僅需要足夠的導電性，在靜電未累積至火花電位(Sparkling potential)之前將之帶走。高達 100 萬歐姆的接地電阻通常足供靜電接地。自動灑水系統使用的管線、其他水管、金屬電力線管(Electrical conduit)、驅動桿(Driven rod)或埋在地中的金屬板也許需與接地連接。任何金屬管路系統或電路系統一旦有接地連接，其電阻很可能在 50 歐姆左右，或者更低。自電氣觀點而言，雖然小的電線或金屬條(strip)足做連結和接地的接線，但仍以使用銅線為宜，因其機械性的強度較佳。不論裸線或絕緣線皆可使用。注意電線的維護，定期檢查。電線一旦受損，需用堅固的金屬線管或管路或類似的防護物予以保護。

連結導電物體以減低電位差比物體接地以防止火花的產生更重要，因為物體接地主要是在帶走可能累積的靜電，如果物體本身已與大地有連結或接地，則沒有必要再使用特殊的連結和接地方法。例如：地上大儲槽即是本身已接地的物體。

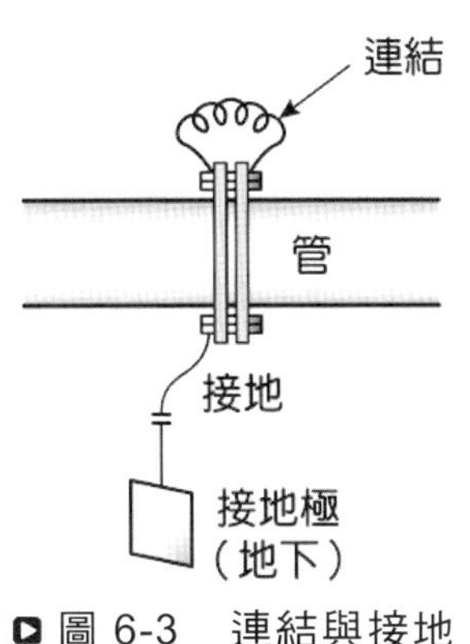

圖 6-3　連結與接地

二、導電性的地板

在某些危險場所中，有需要用導電性的地板或地板覆蓋，以便將人或導體接地。例如需要避免靜電累積的工廠、醫院手術室，及其他類似的地方，通常採用導電性的地板，這種地板係一種可將人與物體一起電力連結的方法，能有效減少火花放電的機會。金屬地板或其他低電阻材料，則沒有驅除靜電的必要。

導電性的地板之電阻，約在 25,000～100 萬歐姆之間。100 萬歐姆可使靜電消逝，25,000 歐姆可保護工作人員免遭電擊。一般認為，經由地板傳到大地的電阻若超過 25,000 歐姆，則來自平常發光系統供應的活電設備，流過人體到達導電性地板的電流，不會形成危險的電壓，因此沒有必要將導電地板與大地特別連接在一起，以避免靜電的累積。通常只需要使用導電性的地板，並且讓在某地區工作的人員和物體，與地板有良好的電氣接觸即可，而為了達到這個需要，在危險地區應穿上導電性的鞋子。金屬架構與可移動的設備，應直接與地板接觸，或經由導電橡膠尖端或設備底部的輪子與地板接觸。

測定導電地板的電阻，可使用兩種特殊加權(weighted)電極及一種有標稱斷路輸出電壓(nominal open-circuit output voltage)為 500 伏特的直流電與短路電流量 2.5～10 mA。每一電極各 5 磅重，其平面乾的圓形之接觸面積，直徑為 $2\frac{1}{2}$ 吋，鋁或錫箔(tin foil)表面為 0.0005～0.001 吋厚，由一層 $\frac{1}{4}$ 吋厚的橡膠支撐。測量地板上之兩電極距離約 3 呎寬，地板的電阻應小於 100 萬歐姆。測量大地與置於地板上之一個電極之間的地板電阻，以超過 25,000 歐姆為宜。測量時，宜選 5 個或 5 個以上的點，求其電阻的平均值，此平均值應在 25,000～100 萬歐姆之間。此外，任何地板的電阻均不得大於 500 萬歐姆或小於 1 萬歐姆。

三、離子化

在非導電性的物料（如：紙、布、橡膠或皮革）上面所產生的靜電，無法以一般接地或連結的方法，將其有效排除或中和之。倘若採用增加物料的導電性，將靜電導至接地的金屬滾輪(roll)或其他機械部分的方法仍不可行，就必須使用其他的改善靜電措施。其中，離子化為這些改善措施中的重要方法之一。

一旦非導電的充電物體與已電離的空氣接觸，靜電便會消失。靜電可經由已電離的空氣導向大地，或物體上的靜電從空氣中吸引足夠數量的、相反的充電的離子來中和之空氣，能被熱、高壓、紫外線或輻射線離子化。

空氣分子經離子化之後，電子即從空氣分子分離出來，電子帶負電，失去電子的分子變成帶正電。若某物體帶負電，空氣中的正離子便被吸引，且一旦附近空氣的正離子數量夠充足，物體上的負離子將使其與之中和，如此就不會累積靜電，自然也不會有火花被釋放出來。

以少量瓦斯燃燒出來的火焰所產生的離子化，有時使用於印刷機(Presses)可減少靜電，但以揮發性、易燃的油墨(Ink)印刷者，則不宜運用此法。使用非易燃的油墨，將供給瓦斯設備裝置在印刷機上者，應與印刷機有電力連鎖裝置，如此，當印刷機停止時，火焰亦會自動熄滅。

四、靜電收集器或中和器（非電力激發型）

非電力激發的靜電收集器或中和器可使靠近充電物體的空氣離子化。帶靜電的物體若屬接近頂端尖銳且接地的金屬物體，則兩物體之間會形成靜電場，而靜電場會往物體的尖端產生電壓，迫使空氣分子離子化。由於靜電場會集中靠近頂端尖銳的物體，因此只要靜電超過某一最低值，空氣即自動離子化。集電器只有在物體或物料帶電(Electrified)時，才會被激發(Energize)。離子化會將靜電放掉或中和，使靜電維持在安全範圍以內。

這類靜電收集器常被稱為感應中和器(Induction neutralizers)或感應收集器(Induction collectors)，因為空氣離子化是由感應在收集器上的電壓而產生，此

電壓則來自物料上的電荷所產生的電場。有一種比較常見的非電力激發靜電中和器使用金屬棒，棒上纏著多條尖端的已接地的黃銅、青銅或銅線。其他靜電收集器由纏繞金屬線或繞在圓木棒上的金屬物作成，並予以接地（圖 6-4）。造紙、紡織，及類似作業機器上非導電物料產生的靜電，皆可以這幾種靜電收集器中和之。

因作用原理相同，各種不同的非電力激發靜電收集器的效率約略相等。但為保持其效率，必須時時清潔。收集器可能造成傷害，或在作業過程中，收集器若接觸物料，也可能吸取絕緣物料，因此宜使收集器與要中和的轉動物料表面分開，保持 $\frac{1}{4}\sim\frac{1}{2}$ 吋的距離，收集器應距離物料可裝卸的迴轉部分、導桿、伸桿之處 4～6 吋。在迴轉部分的尾端宜設置收集器，因物料滾動時，會有留在物料上的靜電累積效應。此型式的靜電消除設備，價格低廉，安裝便宜，可設置在靜電存在的機器上任何一點。

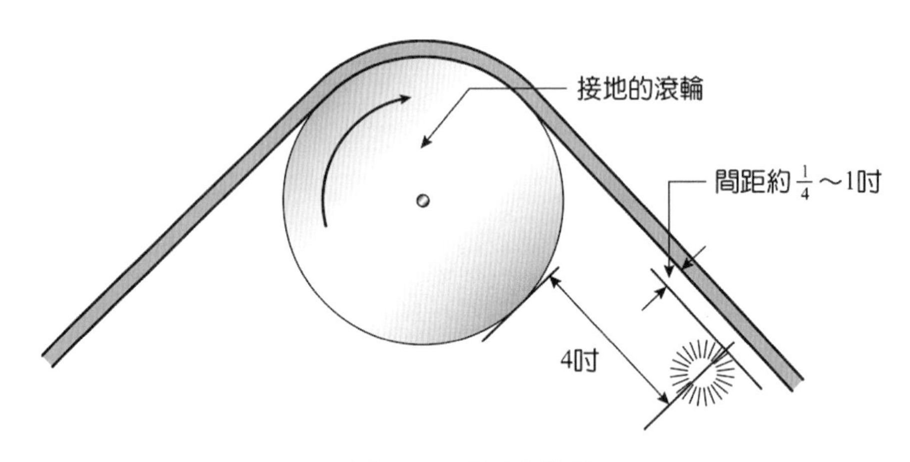

圖 6-4　靜電收集器

五、電力激發中和器

靜電可將充電的物料通過正負離子的交變電場(Alternating field)而獲得中和。電力激發中和器能移在帶電的端點與接地的部分之間，形成一個交變電場。

此接地的部分，也可能是中和器的一部分。把中和器放置在靜電累積的地方，高伏特電場所離子化的空氣和靜電即可被中和。

可利用有尖端的導線與高伏特電力來源以增加空氣離子化的原理，使用於一些靜電中和器的製作上（圖 6-5）。使用一排帶有尖端的導線與高伏特的二次電壓，與小型的升壓變壓器(Step-up transformer)連接，此變壓器平常被供給 110 或 220 伏特的電路。雖然電位達數千伏特（約 5000 至 12000），但導線的絕緣與尖端(Points)的接地皆佳，電流量有限，對工人電擊的危險輕微。為完全減少來自處理紙張、纖維，或其他非導電性物料操作機器的靜電，帶電的尖端宜安裝在靠近靜電發生的地方。

電力激發的靜電消除器或中和器不宜安裝在易燃性液體或氣體使用量頗多的地方，否則中和器可能引發燃燒。一旦激發的尖端接地不良或中和器故障，亦可能產生火花而引燃易燃性的蒸氣。而小心安裝和維護，對防火而言，確是積極有效的方法。為防護中和器免受損壞，尖端的安裝不可有接地不良的現象。尖端宜保持清潔，使得中和器的功能達到最高效率。

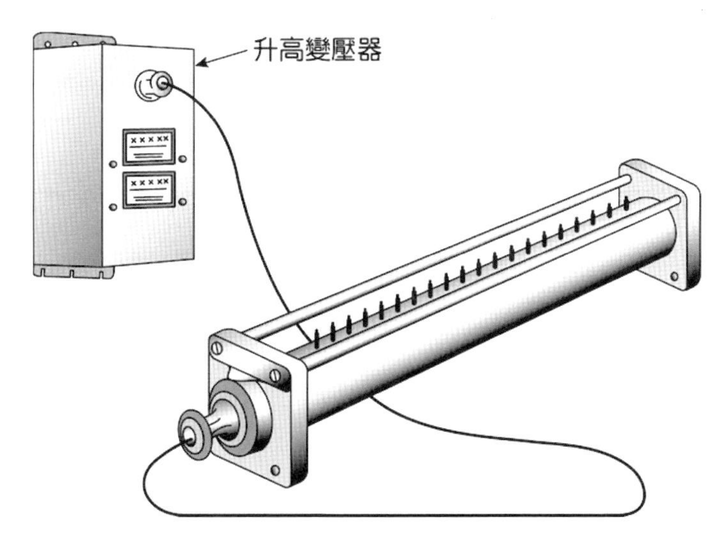

圖 6-5　電力激發中和器

靜電中和與空氣清潔的器材皆可買到。這種器材由離子化空氣槍或離子化空氣噴頭組成，將離子化空氣氣流噴進要清潔的地方，以減少靜電的危害或麻煩。以此方法可清潔經由靜電吸引而來的髒物或灰塵的表面，或將塑膠、紙張或類似物料分開。在上漆之前，亦可用此器材清潔有灰塵的物體。

六、輻射靜電中和器

空氣能被放射性物質離子化。輻射靜電中和器使用鐳或釙。鐳與釙能放射α粒子，使中和器與帶電的物體之間的空氣離子化。一種中和器為將鐳鹽分布在薄的金箔或鉑箔，貼在金屬防護棒的一端。不同含量的鐳箔都有。在無需外來的電力下，中和器本身不會造成火災危害。若自防火的觀點而言，在危險地區使用這種中和器較為安全。但得經主管機關（原子能委員會）許可，因有可能對作業員造成健康危害。又因積存的灰塵與異物會降低其效率，故中和器需要定期清潔。

七、潮 濕

防止某些非導電的物體或物料上的靜電累積，以人工方法增加濕度為一有效的手段。濕度使得物料上形成一潮濕的薄膜，增加物料的導電性，給累積起來的靜電提供一條適當的途徑，傳到大地。

大多數非導電的物料，如木材、紙、布，其表面導電性，依相對濕度而定。濕度愈高，愈能導電。隨大氣濕度的改變而有相當幅度的變化。例如平板玻璃表面的導電性，在相對濕度 50%時，為相對濕度 20%時的 1000 倍。這種導電性的增加，一旦非導電性的物料的表面產生靜電，足使靜電中和或將靜電引入大地。

一般空氣中含有 60～70%的相對濕度，在物料上可產生足夠的濕氣以避免靜電累積。甚至於靜電產生時，靜電會溜走，不會造成累積。相對濕度低會促進靜電發生。若在冬天室內相對濕度低於 30%，作業過程中物料表面又沒有或一點點濕氣，大多數的靜電火災在此情況下發生。

在相當大的範圍內保持高的濕度，作業過程中的所有設備的濕度未必都是一樣。有些機器零件在高濕度中操作，靠近受熱的部分的相對濕度可能降低而變得危險，此時有必要以局部潮濕或其他方法排除靜電。除非是自動控制的設備，否則應定期檢查作業區的濕度。

有些產品的品質或外表，易受濕氣造成不良的影響，此時有需要保持低的大氣濕度。濕度高也可能對人員造成不舒適的狀況，在此情況下，宜使用其他的方法中和製造過程中產生的靜電。乾式清淨作業或上漆(Coating)、塗佈(Spreading)、浸漬(Impregnating)等作業，使用高潮濕的方法有助於消去任何靜電。

表 6-4　相對濕度與玻璃表面電阻的關係

RH（%）	相對電阻（MΩ）
100	1
80	4
70	3×10
60	8×10^2
50	3×10^4
40	6×10^7

八、以氧化金屬為底的表面膜

在低導電性的物料表面若加上一層使靜電易於消除的薄膜，亦是防止靜電累積的方法。例如使用 Fe_2O_3、ZnO、Cr_2O_3 等氧化金屬塗在物體表面，可使磁器表面的電阻減低至 0.2 至數百 MΩ之間。或以透明的氧化錫塗在玻璃上，使其表面電阻達數百至數千歐姆之間。多數金屬的薄膜可用噴塗，或蒸發的方法在磁器、玻璃、塑膠等物料上而得數歐姆的低電阻。值得注意的是這些薄膜難以持久，需經常檢查其電阻。

九、使用抗靜電材料

物質的表面電阻係數小於 $10^{11}\ \Omega/m^2$ 或體積電阻係數小於 $10^{10}\ \Omega m$，即可避免物質蓄積過量的靜電，並且稱該類物質為抗靜電材料；若在易燃性環境的作業場所中，則抗靜電材料的表面電阻係數需小於 $10^{8}\ \Omega/m^2$ 或體積電阻係數需小於 $10^{6}\ \Omega m$。工業製程中使用的各種材料，可經由下列方法成為抗靜電材料：物質本身具有抗靜電能力（如：棉、木材、紙及土壤等），在絕緣材料的表面塗佈抗靜電物質（如：碳粉、抗靜電劑等），在絕緣材料製造過程中加入導電或抗靜電物質（如：碳粉、金屬、抗靜電劑、導電性纖維等）。

十、穿靜電鞋或靜電衣

在易於感受靜電電擊及易燃易爆物的作業場所，若能穿靜電鞋或靜電衣，可減少感電及靜電火災的危害。

人穿上靜電鞋，有如人體接地一般，可將累積的靜電洩放至大地。靜電鞋與一般使用的塑膠鞋的鞋底電阻不同。普通塑膠鞋底的電阻約 $10^{12}\ \Omega$，靜電不易弛緩。而靜電鞋鞋底電阻約為 $10^{8} \sim 10^{5}\ \Omega$，可防止人體帶電。另有一種適用於高壓電活線接近作業的導電鞋，其鞋底電阻在 $10^{5}\ \Omega$以下，可防止靜電感應所致的電擊。

此外尚有適用於特殊作業環境之中的靜電衣，是以 1～5 公分的間隔，織入導電性纖維，使得累積的靜電產生小電量放電，以緩和(relax)靜電。導電性纖維為直徑 50μm 的線，表面包覆導電性物質，或織入不鏽鋼纖維。其每一公分長的纖維線的電阻等於 100～1000 Ω。

表 6-5　普通衣料與靜電衣在不同濕度條件下的帶電電位

溫濕度	帶電電位（kV）		
	靜電衣	棉	聚酯、嫘縈、混紡
24℃　20%	5～10	52～60	50～57
35%	4～7	42～50	42～50
51%	3～6	18～20	36～42
60%	2～3	1～3	20～30

一、選擇題

(　) 1. 靜電的產生與絕緣物質的關係，可以 $Q = Q_g - Q_r$ 式表示，其中 Q_g 表示靜電產生量；Q_r 表示靜電弛緩量。下列敘述何者錯誤？ (1)相對濕度大，則 Q_r 小 (2)絕緣性流體在管路之流速大，則 Q_g 大 (3) Q_r 大表示靜電不易累積 (4)只要維持 $Q_g < Q_r$，靜電便不會累積。

(　) 2. 非導電性物料之靜電消除，不宜採用 (1)連結和接地 (2)離子化 (3)靜電收集器 (4)靜電中和器。

(　) 3. 加油管宜採用何種方式來消除靜電？ (1)連結和接地 (2)離子化 (3)靜電收集器 (4)靜電中和器。

(　) 4. 半導體廠為防靜電，通常會要求工作人員穿靜電鞋，係因靜電鞋之 (1)絕緣性佳 (2)導電性佳 (3)摩擦係數大 (4)摩擦係數小。

(　) 5. 塑膠布與滾輪摩擦易生靜電，宜採用何種方式控制靜電？ (1)連結 (2)接地 (3)靜電收集器 (4)導電地板。

(　) 6. 在電容電路中，哪一種接觸點發生火花引燃可燃性氣體的機會較大？ (1)快接觸點 (2)慢接觸點 (3)軟接觸點 (4)硬接觸點。

(　) 7. 在電感（有感）電路中，哪一種接觸點發生火花引燃可燃性氣體的機會較大？ (1)快接觸點 (2)慢接觸點 (3)軟接觸點 (4)硬接觸點。

(　) 8. 潮濕地區不易累積靜電，係因濕度高，故 (1)靜電弛緩速度快 (2)靜電弛緩速度慢 (3)靜電產生速度快 (4)靜電產生速度慢。

(　) 9. 快速流動之流體易累積靜電，係因流速快，故 (1)靜電弛緩速度快 (2)靜電弛緩速度慢 (3)靜電產生速度快 (4)靜電產生速度慢。

(　　) 10. 易發生靜電導致傷害勞工之虞的工作機械及其附屬物件，應就其發生靜電之部分施行　(1)接地　(2)使用除電劑　(3)裝設無引火源之除電裝置　(4)以上皆是。

(　　) 11. 可燃性液體的電阻係數在　(1)10^8 歐姆－公分　(2)10^9 歐姆－公分　(3)10^{10} 歐姆－公分　(4)10^{11} 歐姆－公分　以上較易帶電。

(　　) 12. 經由地板傳到大地的電阻，若低於　(1)2500 歐姆　(2)25000 歐姆　(3)250000 歐姆　(4)2500000 歐姆　，則來自平常發光系統供應的活電設備，流過人體到達導電性地板的電流，不會形成危險的電壓。

二、問答題

1. 試述靜電產生的過程與靜電種類。
2. 試述影響靜電弛緩的因素。
3. 何謂「流動電荷」？如何產生？其影響因素為何？
4. 試述靜電產生的危害。
5. 靜電累積會引起放電現象，放電能量可經由放電電壓電容而獲得，其放電能量公式為何？
6. 試述靜電控制的方式。
7. 試述濕度對靜電造成的影響。
8. 試述靜電鞋及靜電衣的特性。

防爆電氣

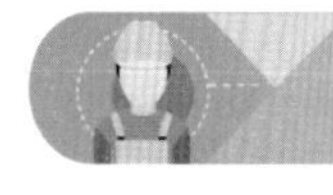

7-1 防爆區分

電氣爆炸的來源大多因火花及過熱溫升而起，而火花及過熱溫升的產生，除了人為因素（如：電焊、打火機、火柴…等）產生外，最易引起者為電氣設備，為了避免電氣產生的火花及過熱溫升引起危險，故而特別在危險場所製作的電氣設備謂之「防爆電器」，而此場所謂之「防爆區」。防爆區域根據 CNS 3376-14 定義：空氣中瀰漫可燃性氣體或物質，其濃度可能達到因電氣火花或表面高溫而引爆或燃燒之區域。先進國家對於防爆危險區域的劃分，較完整的規範有美國石油協會(American Petroleum Institute, API)、國際電工委員會(International Electrotechnical Commission, IEC)、美國國家電工法規(National Electrical Code, NEC)及石油協會(Institute of Petroleum, IP)等規範。國內對於爆炸性氣體、蒸氣環境所分類之防爆危險區域則依 CNS3376-10 規定進行劃分，依據濃度達到爆炸界限之機率而定，區域等級決定於爆炸性混合氣之發生頻率及存在時間，劃分為不同之區域；而爆炸性粉塵環境之防爆危險區域劃分依據國家標準 CNS3376-10-2，依爆炸性粉塵環境所出現之頻率及持續時間，劃分為不同之區域。

一、API 對防爆區的劃分

(一) 第 I 類 1 級區(Class I division 1)

在正常操作條件下存在足夠濃度易燃性氣體或蒸氣之場所；或在設備故障時可能同時洩放易燃性氣體或蒸氣且造成電氣設備失效之場所。

(二) 第 I 類 2 級區(Class I division 2)

易燃性氣體或蒸氣可能出現，但正常時侷限於封閉系統內之場所，須使用機械通風以避免累積；或緊鄰 1 級區且偶爾會與其流通，而具足夠易燃性氣體濃度之場所。

二、NEC 對防爆區的劃分

NEC(National Electric Code)沿襲美國 NFPA(National Fire Protection Association)之分類法以兩級制使用多年，但於 1996 年接受 IEC 之區域劃分法承認 Zone 0, 1, 2 之三級劃分法。防爆區依其危險性區分為三級：

(一) 第 I 類 0 區(Class I Zone 0)

設備環境中已充滿爆炸性氣（液）體，該場所已隨時處於危險狀態下，只要稍有微小火花即可能爆炸起火，通常此場所盡可能不使用電氣設備。若不得不使用，只有本質防爆結構被允許。

(二) 第 I 類 1 區(Class I Zone 1)

設備環境中，在正常操作下，爆炸性氣體已具危險性，在修理或維護時之洩漏即形成危險的場所謂之，包括：

1. 易燃性氣體或蒸氣在正常操作時可能達到足夠濃度之場所。
2. 因為修護或保養因洩漏而使足夠濃度之易燃性氣體或蒸氣經常存在。
3. 設備操作或運作中，因其特性在設備停機或錯誤操作時可能造成易燃性氣體或蒸氣洩漏濃度增高，同時造成電氣設備之失效而成為引火源。
4. 鄰近第 I 類 0 區的區域，以致可能有高濃度易燃性氣體或蒸氣之累積。

(三) 第 I 類 2 區(Class I Zone 2)

設備環境中，爆炸性氣（液）體已被控制住而使用，但若異常撞擊破壞結構，可能使危險氣（液）體溢出而發生危險的場所謂之，包括：

1. 易燃性之氣體或蒸氣在正常操作時不太可能發生，如發生時也很短。
2. 揮發性易燃液體、易燃性氣體或易燃性蒸氣在處理、製造或使用時，通常在密閉容器或密閉系統中，只有在意外破裂或容器失效或設備不正常操作處理時液體或氣體可能洩漏。

3. 可燃性氣體蒸氣正常時，已使用正壓方式避免發生濃度太高，但可能因不正常操作使通風系統失效。

4. 鄰近第 I 類 1 區之區域，以致易燃性氣體可能與其相通之場所。

三、IEC 對防爆區等級分類

1. 0 區(Zone 0)：爆炸性氣體環境連續性或長期存在之場所。

2. 1 區(Zone 1)：爆炸性氣體環境在正常操作下可能存在之場所。

3. 2 區(Zone 2)：爆炸性氣體環境在正常操作下不太可能發生，如果發生亦只偶爾且只存在短期間之場所。

表 7-1　各國防爆分區比較

<table>
<tr><th>系統別
等　級</th><th>日　本
(JIS)</th><th colspan="2">美　國
(NEC)</th><th>歐　洲
(IEC)</th><th>臺　灣
(CNS)</th></tr>
<tr><td rowspan="2">0</td><td rowspan="2">0 級</td><td>舊</td><td>新</td><td rowspan="2">Zone 0</td><td rowspan="2">0 區</td></tr>
<tr><td rowspan="2">Class 1
division1</td><td>Zone 0</td></tr>
<tr><td>1</td><td>1 級</td><td>Zone 1</td><td>Zone 1</td><td>1 區</td></tr>
<tr><td>2</td><td>2 級</td><td>Class 1
division2</td><td>Zone 2</td><td>Zone 2</td><td>2 區</td></tr>
</table>

四、有關《用戶用電設備裝置規則》中之電氣防爆的規定

《用戶用電設備裝置規則》第 294 條所稱之特殊場所，分為下列八種：

1. 存在易燃性氣體、易燃性或可燃性液體揮發氣（以下簡稱爆炸性氣體）之危險場所，包括第一類或以 0 區、1 區、2 區分類之場所。

2. 存在可燃性粉塵之危險場所，包括第二類或以 20 區、21 區、22 區分類之場所。

3. 存在可燃性纖維或飛絮之危險場所，包括第三類或以 20 區、21 區、22 區分類之場所。
4. 有危險物質存在場所。
5. 火藥庫等危險場所。
6. 散發腐蝕性物質場所。
7. 潮濕場所。
8. 公共場所。

第 294-4 條，存在爆炸性氣體、可燃性粉塵、可燃性纖維或飛絮之危險場所，依「類」分類如下：

一、第一類場所：空氣中存在或可能存在爆炸性氣體，且其量足以產生爆炸性或可引燃性混合物之場所，並依爆炸性氣體發生機率及持續存在時間，依「種」分類如下：

（一）第一種場所，包括下列各種場所：

1. 於正常運轉條件下，可能存在著達可引燃濃度之爆炸性氣體場所。
2. 於進行修護、保養或洩漏時，時常存在著達可引燃濃度之易燃性氣體、易燃性液體揮發氣，或可燃性液體溫度超過閃火點之場所。
3. 當設備、製程故障或操作不當時，可能釋放出達可引燃濃度之爆炸性氣體，同時也可能導致電氣設備故障，以致使該電氣設備成為點火源之場所。

（二）第二種場所，包括下列各種場所：

1. 製造、使用或處理爆炸性氣體之場所。於正常情況下，該氣體或液體揮發氣裝在密閉之容器或封閉式系統內，僅於該容器或系統發生意外破裂、損毀或設備不正常運轉時，始會外洩。
2. 藉由正壓通風機制以防止爆炸性氣體達可引燃濃度，但當該通風設備故障或操作不當時，可能造成危險之場所。

3. 鄰近第一種場所，且可能由第一類場所擴散而存在達可引燃濃度之易燃性氣體、易燃性液體揮發氣，或達閃火點以上之可燃性液體揮發氣之場所。但藉由裝設引進乾淨空氣之適當正壓通風系統，防止此種擴散，並具備通風失效時之安全防護機制者，不在此限。

二、第二類場所：存在可燃性粉塵，且其量足以產生爆炸性或引燃性混合物之場所，並依可燃性粉塵發生機率及持續存在時間，依「種」分類如下：

（一）第一種場所，包括下列各種場所：

1. 於正常運轉條件下，可能存在著達可引燃濃度之可燃性粉塵場所。
2. 當設備、製程故障或操作不當時，可能產生爆炸性或引燃性混合物之場所，同時也可能導致電氣設備故障，以致使該電氣設備成為點火源。
3. 可能存在可燃性金屬粉塵，且其量足以造成危險之場所。

（二）第二種場所，包括下列各種場所：

1. 因操作不當，而致空氣中含有可燃性粉塵，且其量足以產生爆炸性或引燃性混合物之場所。
2. 具粉塵之累積，通常其量不足以干擾電氣設備或其他器具之正常運轉，但當加工或製程設備故障或操作不當時，可使該可燃性粉塵懸浮於空氣中之場所。
3. 可燃性粉塵在電氣設備之上方、內部或鄰近處，累積至足以妨礙該設備之安全散熱，或可能因電氣設備故障或操作不當而引燃之場所。

三、第三類場所：存在可燃性纖維或飛絮之危險場所，該可燃性纖維或飛絮懸浮於空氣中之量累積至足以產生引燃性混合物之機率極低，依「種」分類如下：

（一）第一種場所：製造、使用或處理可燃性纖維或飛絮之場所。

（二）第二種場所：儲存或非製程處置可燃性纖維或飛絮之場所。

其中有危險氣體或蒸氣場所，空氣中因含有爆發性氣體或蒸氣而其濃度足以引起火災或爆炸之危險場所。其電機設備及配線之施設應依規定設置防爆構造。防爆構造係指適用於可燃性氣體及可燃性液體之蒸氣（以下簡稱爆發性氣體）場所而特殊考慮之構造之謂，其種類如下：

1. 油浸防爆構造

火花、電弧或可能成為點火源之發生高溫之部分，放入油中而不致使存在於油面上之爆發性氣體引火之構造。

2. 耐壓防爆構造

全封閉構造器殼內部發生爆炸時，能耐其爆壓，且不引起外部爆發性氣體爆炸之構造。

3. 正壓防爆構造

器殼內部壓入新鮮空氣或不燃性氣體等，保護氣體於運轉前將侵入器殼內部之爆發性氣體驅除，同時於連續運轉中亦防止此氣體侵入之構造。

4. 增加安全防爆構造

如繞線，定轉部間空隙等，在正常運轉中不應發生火花、電弧或過熱之部分，為防止其發生，在構造及溫升方面特增加其安全度之構造。所謂「正常運轉中」係指電機具在額定負載以下通電或運轉狀態之謂。正常運轉中不應發生火花、電弧或過熱部分係指繞線、空隙和連接等，此部分如因接觸不良、損傷等亦可能發生火花或過熱但不包含在此正常運轉範圍內。滑環、整流子單相電動機之起動接點、電驛類之接點等則視為在正常運轉中會發生火花、電弧或過熱部分。

5. 特殊防爆構造

前述以外之方法而能防止外部爆發性氣體引火，並經試驗等方法保證無誤之構造之謂。由電源操作且不使短路火花點火爆發性氣體之電機具視為特殊防爆構造。

6. 本質安全防爆

電氣設備經由特殊之電路設計使其於運轉中，即使產生火花或熱亦不致引燃周圍可燃性氣體或粉塵。

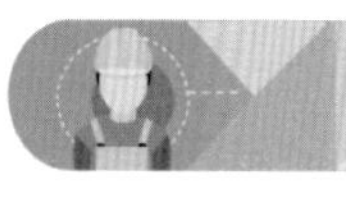

7-2 爆發性氣體的分類

爆發性氣體的危險性，依著火度及爆發等級規定如下：

一、著火度

著火度依其著火點，可分為五級，如表 7-2 所示。而國際各系統對於防爆燃點等級則分為六級，在著火點 135℃以下又增加 G6 級，著火點 85～100℃。表 7-3 為國際各系統對於防爆燃點等級分類比較。

表 7-2 著火點分類表

著火點	著 火 點 範 圍
G1	超過 450℃
G2	超過 300～450℃以下
G3	超過 200～300℃以下
G4	超過 135～200℃以下
G5	135℃以下

表 7-3 國際各系統對於防爆燃點等級分類比較表

等級	溫度範圍	日本代號	歐洲代號	美國代號			
1	450℃以上	G1	T1 或 G1	T1 450℃			
2	300～450℃	G2	T2 或 G2	T2	300℃	T2C	230℃
				T2A	280℃	T2D	215℃
				T2B	260℃		

表 7-3　國際各系統對於防爆燃點等級分類比較表（續）

等級	溫度範圍	日本代號	歐洲代號	美國代號			
3	200～300℃	G3	T3 或 G3	T3	200℃	T3B	165℃
				T3A	180℃	T3C	160℃
4	135～200℃	G4	T4 或 G4	T4	135℃	T4A	120℃
5	100～135℃	G5	T5 或 G5	T5 100℃			
6	85～100℃	G6	T6 或 G6	T6 85℃			

二、爆發等級

爆發等級係以間隙深度 25 mm 而發生火焰逸出之間隙值分類，如表 7-4 所示。

表 7-4　爆發等級分類表

爆發等級	間隙深度 25 mm 而發生火焰逸出之間隙值
1	超過 0.6 mm
2	超過 0.4～0.6 mm 以下
3	0.4 mm 以下

表 7-5　國際相對爆發等級之代號及比較

日本（JIS）	美國（NEC）	歐洲（IEC）
1（0.6 mm 以上）	D	IIA（0.9 mm 以上）
2（0.4～0.6 mm）	C	IIB（0.5～0.9 mm）
3（3a、3b、3c、3n）（0.4 mm 以下）	B	IIC（0.5 mm 以下）
	A	

其中爆炸等級 3 又區分為 3a、3b、3c、3n 等四種，3a 含水煤氣與氫氣，3b 含二硫化碳，3c 含乙炔，3n 則所有爆炸等級 3 之爆炸性物質均屬之。

7-3 防爆電氣裝置

7-3-1 氣體（蒸氣）類

氣體（蒸氣）類防爆電氣設備其性能、構造、試驗、標示及危險區域劃分等，應符合國家標準 CNS3376 系列、國際電工標準 IEC 60079 系列或與其同等之標準規定。

一、本質安全防爆(Intrinsic Safety“i”)

此類電氣設備係針對電子線路或低能量電氣所設計，在迴路設計上即對其電流、電壓等加以抑制，同時亦考量到可靠度，使其不論是正常或異常操作下都不會令儀器、電路的周圍危險氣體發生爆炸。本質防爆電氣之線路輸出或輸入，均被設計控制在不足以產生使氫氣發生引火爆炸的能量以下。本質安全防爆是以第三類電氣機具的構件為對象，因為其防爆性能（不會引燃爆炸性混合氣）是經過檢定（試驗）確認過的，故其安全性相當高，可用於風險等級最高的 0 區(zone 0)。但是，由其構造上的性格可知，這類防爆構造不適合需要大電力的機具，只適用於感測器等弱電裝置。

二、耐壓防爆(Flameproof“d”)

此類電氣設備之原理為侷限式，也就是將一般的電氣零組件（含顯在點火源）以器殼加以保護，並將爆炸侷限於器殼內而達到防爆化之目的。為了將爆炸侷限於器殼內，器殼必須具有一定的強度，以承受爆炸的壓力。器殼內裝有如無熔絲開關(No Fuse Breaker; NFB)、電磁開關(Magnetic Switch; MS)等在正常操作下會發生火花之一般電氣，若有危險氣體溢入可能引火爆炸，而器殼必須能承受爆炸壓力，且可防止火焰從接合面溢出，引燃外界危險氣體的爆炸。另外，因為器殼必須能打開以置入電氣元件或裝置，因此必定會有縫隙等。這些器殼上接合的部位稱為「接合面」。接合面有嚴格之規定，以防止爆炸的火焰由此處穿透至器殼外部而引燃爆炸性混合氣。因為各種爆炸性混合氣各有其不同的火焰穿透特性，因此必須依使用環境的易燃物質而選用適合的接合面的間隙。

三、正壓防爆(Pressurization“p”)

正壓防爆構造是對器殼內的空間加以掃氣(purging)，同時維持內部的壓力大於外部大氣壓力，以排除外部爆炸性混合氣進入器殼內部而被內部電氣點火源點燃的危險。這個構造有兩種形式，分別為稀釋式和持壓式，前者使掃氣氣體在進入器殼後再次流出以維持內部氣體的連續稀釋。後者則無流出的管路，僅有流入的管路。此類電氣設備的器殼為一般配電箱，但以全密閉方式製作，內部充氣產生比大氣壓稍高之壓力，以防止外部危險氣體溢入，且充氣管路之對流可將內部溫度排出，一般使用在大型設備或整個控制室。

四、增加安全防爆(Increased Safety“e”)

此類電氣設備的器殼僅做氣密結構，無耐壓能力，內部只能裝置正常操作下不會發生火花或過熱溫升的元件。如繞線，定轉部間空隙等，在正常運轉中不應發生火花、電弧或過熱之部分，為防止其發生，在構造及溫升方面特增加其安全度之構造。所謂「正常運轉中」係指電機具在額定負載以下通電或運轉狀態之謂。正常運轉中不應發生火花、電弧或過熱部分係指繞線、空隙和連接部等，此等部分如因接觸不良、損傷等亦可能發生火花或過熱（但不包含在此正常運轉範圍內）。滑環，整流子單相電動機之起動接點，電驛類之接點等則視為在正常運轉中會發生火花、電弧或過熱部分。

五、油浸（入）防爆(Oil-Immersion“o”)

此類電氣設備是將發生電氣火花或高溫部分，浸放入絕緣油中（礦物油等）。隔離電氣設備周圍及使其不接觸存在於油面上之爆炸性氣體之容器，正是具有防爆基本條件，可以阻止起火源與爆炸性氣體共存之構造。適用於變壓器、開關裝置、斷路器等器具。裝置變壓器類之電氣，且用高燃點絕緣油隔離以達到防爆效果。

六、填粉防爆(Powder Filling“q”)

此類電氣設備的器殼內裝置如電容器、電阻、小變壓器等之電子線路，並充填細砂隔離，以達到防爆效果。此種結構不單獨使用，都是裝置在防爆電氣器殼內使用。

七、模鑄(Encapsulation“m”)

是指將會發生火花或過熱溫升的元件，經過整體聚酯模注在內部後，使整體模注器殼的表面絕對不會產生火花或過熱溫升，而造成危險氣體引火爆炸的一種防爆方式。630A 以下之一般開關控制零件經聚酯材質，依耐壓防爆規範要求予以模注處理，並經 Eexd 認可。

八、保護型式(Type of Protection“n”)

此類電氣設備在正常情況下，不能引燃周圍的爆炸性氣體環境，也不大可能因故障引起引燃事件，保護型式防爆電氣設備構造是以在第 2 種場所設置為前提，依各種概念發展而成之防爆構造之總稱，其技術有：1.不會發生電氣火花之電氣機器。2.限制通氣之容器。3.限制能量。4.接點是以限制通氣容器以外之方法來保護「作動時產生電弧火花或是高溫表面的電氣設備」。

九、其他特殊種類(Special type“s”)

特殊防爆結構係特殊電氣組合或控制方式，依照上列各項結構處理，並須針對該規氣設備個別設計適合於所需場所使用，且經防爆認可者。

適用各防爆場所的防爆電氣特性及圖示，如表 7-8 所示。

表 7-6　各種場所與適用防爆構造的關係

區域等級	0 區	1 區	2 區
防爆構造	i (a)	d, p, q, o, e, i, m	d, p, q, o, e, i, m, n, s

表 7-7　適用各防爆區分之防爆電氣

ZONE 0	ZONE 1	ZONE 2
ia	(1) d、p、i、s (2) e（內裝無火花電氣） (3) q、m、s（裝在 e 構造內）	(1) ZONE 1 各項 (2) e（內裝包括有火花或過熱溫升之一般電氣）

表 7-8　適用各防爆場所的防爆電氣特性

構造名稱代號	定義及特點	圖　示	適用防爆場所
耐壓防爆 (d)	(1) 器殼內裝有如 NFB、MS 等在正常操作下會發生火花之一般電氣。 (2) 若有危險氣體溢入可能引火爆炸，而器殼必須能承受爆炸壓力，且可防止火焰從接合面溢出，引燃外界危險氣體的爆炸。		ZONE 1 ZONE 2
安全增防爆 （e）	(1) 器殼僅做氣密結構，無耐壓能力。 (2) 內部只能裝置正常操作下不會發生火花或過熱溫升的元件，如 EExe 端子及 EExd-modules（耐壓防爆模注）。		ZONE 1 ZONE 2 但若內裝有會發火或有過熱溫升之一般電氣，則只能使用於 ZONE 2。

表 7-8 適用各防爆場所的防爆電氣特性（續）

構造名稱代號	定義及特點	圖　示	適用防爆場所
安全增防爆（e）	(3) 經 EExd 模注之耐壓防爆電氣為新產品，因為絕對不會產生火花及過熱溫升，故可使用於各種控制箱內。		
正壓防爆（p）	器殼為一般配電箱，但以全密閉方式製作，內部充氣產生比大氣壓稍高之壓力，以防止外部危險氣體溢入，且充氣管路之對流可將內部溫熱排出，一般使用在大型設備或整個控制室。		ZONE 1 ZONE 2
本質安全防爆（i）	(1) 針對電子線路或低能量電氣所設計，不論是正常或異常操作下都不會令儀器、電路的周圍危險氣體發生爆炸。 (2) 本質防爆電氣之線路輸出或輸入，均被設計控制在不足以產生使氫氣發生引火爆炸的能量以下。	c	ZONE 0（ia） ZONE 1（ia , ib） ZONE 2（ia , ib）

表 7-8　適用各防爆場所的防爆電氣特性（續）

構造名稱代號	定義及特點	圖　示	適用防爆場所
油入防爆（o）	(1) 器殼內裝置變壓器類之電氣，且用高燃點絕緣油隔離以達到防爆效果。 (2) 此種設備可靠性不佳，且目前已很少使用。		ZONE 1 ZONE 2
充填防爆（q）	(1) 器殼內裝置如電容器、電阻、小變壓器等之電子線路，並充填細砂隔離，以達到防爆效果。 (2) 此種結構不單獨使用，都是裝置在 EExe 器殼內使用。		ZONE 1 ZONE 2
模注耐壓防爆（m）	(1) 將會發生火花或過熱升溫的元件經過整體聚酯模注在內部後，使整體模注器殼的表面絕對不會產生火花或過熱溫升，而造成危險氣體引火爆炸的一種防爆方式。		ZONE 1 ZONE 2

表 7-8 適用各防爆場所的防爆電氣特性（續）

構造名稱代號	定義及特點	圖 示	適用防爆場所
模注耐壓防爆（m）	(2) 630A 以下之一般開關控制零件經聚酯材質依耐壓防爆規範要求予以模注處理，並經 EExd 認可。		
特殊防爆（s）	特殊防爆結構係特殊電氣組合或控制方式，依照上列各項結構處理，並須針對該規電氣設備個別設計適合於所需場所使用，且經防爆認可者。		ZONE 0 ZONE 1 ZONE 2

7-3-2 粉塵類

粉塵類防爆電氣設備其性能、構造、試驗等，應符合國家標準 CNS 15591 系列、國際電工標準 IEC 61241 系列或與其同等之標準規定。

一、外殼保護型式(Protection by enclosures "tD")

依 CNS15591-1 之規定，外殼保護型以引燃保護之基礎，限制外殼及可能與粉塵接觸之其他表面的最高表面溫度，並使用「塵密(dust-tight)」或「防塵保護(dust-protected)」之外殼以限制分塵侵入外殼中。依 IEC61241-0 規定，外殼保護型係採用外殼之方式，來防護粉塵進入(dust ingress protection)電氣設備及限制電氣設備表面溫度(surface temperature limitation)，以避免粉塵層或粉塵雲被引燃。

塵密外殼(dust-tight enclosure) IP6X 適合用於：20 區、21 區及含導電性粉塵之 22 區；防塵保護(dust-protected enclosure)IP5X 適合使用於含非導電性粉塵之 22 區。若使用 20 區之設備外殼應符合 CNS15591-1 之規定，且用於防止粉塵侵入之所有襯墊(gasket)未受可動零件（例：軸承、操作桿）施壓時，則外殼視為絕對可靠，且故障分析僅適用於電路。粉塵之外殼保護型式可分為 A 型(practice A)及 B 型(practice B)，其皆可提供等效之保護。兩者之主要差異如表 7-9。

表 7-9　A 型及 B 型外殼之主要差異

A 型	B 型
主要以效能為基礎之規定。 以 5mm 粉塵層決定最大表面溫度；安裝時，特定粉塵之著火溫度應高於表面溫度 75K。依 IEC 60529(IP code)方法，決定粉塵是否侵入。	主要以規範為基礎之規定。 以 12.5mm 粉塵層決定最大表面溫度；安裝時，特定粉塵之著火溫度應高於表面溫度 25K。依熱輪迴測試(heat cycling test)方法，決定粉塵是否侵入。

二、正壓保護型式(Type of protection “pD”)

依 CNS15591-4 之規定，正壓保護型式係使用保護性氣體（空氣或惰性氣體），並將其維持在高於外部環境之壓力下，以防止粉塵進入外殼，避免在位含有可燃性粉塵源之外殼中形成可燃性混合物，正壓保護型式防爆電氣設備不適用 20 區。依 IEC61241-0 規定，正壓保護型式係提供保護氣體(protective gas)至外殼，並藉維持外殼對周圍環境之過壓(overpressure)方式，以防止在外殼內部形成爆炸性粉塵環境。正壓保護方式係當外殼內部之電氣設備在送電狀態下，必須藉提供保護氣體來維持外殼內部之連續性過壓，所以其正壓系統之設計，應採下列原則：

1. 保護氣體：適當供給保護氣體以維持超出預設等級之壓力，但靜態正壓(static pressurization)者除外。
2. 自動斷電：當壓力失效時，可自動切斷電源供應系統及／或啟動警報。

3. 清掃：為除去因壓力系統失效或正常關機後，累積在外殼內之可燃性粉塵，於電源連接前，外殼應清掃。

4. 保護氣體之釋放：保護氣體能釋放至非危險區域是較好的；而對於正壓係採連續填充保護氣體且保護氣體釋放至危險區域時，應採取防止設備在正常或故障情況下，所產生之熱粒子或其他點火源，進入危險區域的措施。

三、模鑄型模鑄保護型(type of encapsulation“mD”)

依 IEC61241-0 規定，模鑄型模鑄保護型係將可因火花或熱引燃爆炸性環境之部件密封於複合物(compound)內，以避免粉塵層或粉塵雲被引燃，模鑄保護之電氣設備，其保護等級分為 maD 或 mbD 之保護等級：

1. maD 保護等級於下列任一條件皆不能引起點燃：
   (1) 於正常操作及安裝條件下。
   (2) 任何特定異常條件。
   (3) 於限定之故障條件下。

2. mbD 保護等級於下列任條件皆不能引起點燃：
   (1) 於正常操作及安裝條件下。
   (2) 於限定之故障條件下。

粉塵防爆電氣設備之選擇，主要應考慮危險場所之等級(含粉塵之導電性)及粉塵之著火溫度等級，選擇粉塵防爆電氣設備時，可參考表 7-10。

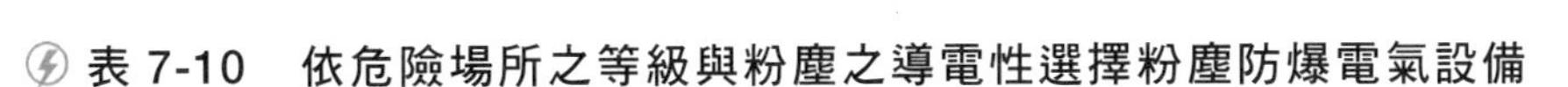

表 7-10　依危險場所之等級與粉塵之導電性選擇粉塵防爆電氣設備

場所等級／粉塵型態	20 區	21 區	22 區
非導電性	tD A20 tD B20 iaD* maD	tD A20 或 tD A21 tD B20 或 tDB21 iaD*或 ibD* maD 或 mbD pD	tD A20、tD A21 或 tD A22 tD B20、tD B21 或 tD B22 iaD*或 ibD* maD 或 mbD pD
導電性	tD A20 tDB20 iaD* maD	tD A20 或 tD A21 tDB20 或 tD B21 iaD*或 bD* maD 或 mbD pD	tD A20、tD A21 或 tD A22 IP6X tD B20 或 tD B21 iaD*或 ibD* maD 或 mbD pD

*：iaD 及 ibD 為本質安全型粉塵防爆電氣設備；maD 及 mbD 為模鑄型粉塵防爆電氣設備。

7-4　防爆系統

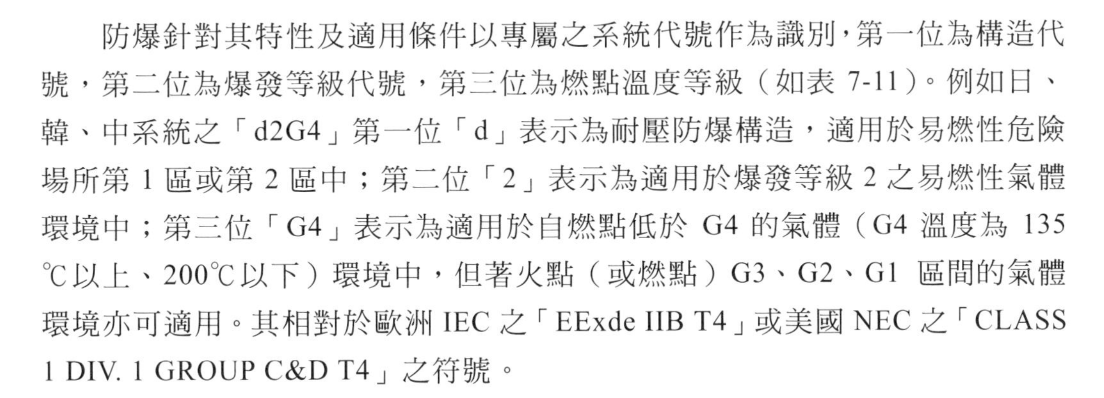

防爆針對其特性及適用條件以專屬之系統代號作為識別，第一位為構造代號，第二位為爆發等級代號，第三位為燃點溫度等級（如表 7-11）。例如日、韓、中系統之「d2G4」第一位「d」表示為耐壓防爆構造，適用於易燃性危險場所第 1 區或第 2 區中；第二位「2」表示為適用於爆發等級 2 之易燃性氣體環境中；第三位「G4」表示為適用於自燃點低於 G4 的氣體（G4 溫度為 135℃以上、200℃以下）環境中，但著火點（或燃點）G3、G2、G1 區間的氣體環境亦可適用。其相對於歐洲 IEC 之「EExde IIB T4」或美國 NEC 之「CLASS 1 DIV. 1 GROUP C&D T4」之符號。

表 7-11　各國防爆系統及符號對等關係

	系統代號	第一位構造代號	第二位爆發等級代號	第三位燃點溫度等級	對等關係		
					安全增防爆	耐壓防爆	
歐	IEC (EN)	d , e , i , q , s	IIA ,IIB , IIC	T1～T6 G1～G6	EExe T3	EExde IIB T4	EEx ed IIC T6
美	NEC (NEMA)	CLASS 1 DIV.1 CLASS 1 DIV.2	CROUP A , B , C , D	T1～T6 T1～T6	CLASS 1 DIV.2 T3	CLASS 1 DIV.1 GROUP C & D T4	CLASS 1 DIV.1 GROUP A.B.C.D. T6
日 韓 中	NEC (JIS) (CKS) (CNS)	d , e , i , q , s	1 , 2 , 3 3a 3b 3c 3n	G1～G6	e G3	d2 G4	d3n G6

7-5　防爆電氣設備的選擇

在危險場所之防爆電氣設備應依照下列主要通則來選擇：

一、依場所等級選擇

不同危險場所等級應依表 7-12，採用不同之電氣設備保護方式。而其中對 0 種場所之電氣設備要求一般較高，其次為 1 種場所，再其次為 2 種場所。因此一般適用於 0 種場所之防爆電氣設備也可裝設在 1 種或 2 種場所，適用於 1 種場所之防爆電氣設備也可裝設在 2 種場所，但適用於 2 種場所之防爆電氣設備只能裝設在 2 種場所。

表 7-12　防爆電氣設備和系統的保護方式與場所等級

場所	保護方式
0	本質安全型設備或系統 Ex 'ia' 特殊保護方式（經特別認證可使用於 0 種場所）Ex 's'
1	任何可使用於 0 種場所的保護方式 本質安全型設備或系統 Ex 'ib' 耐壓型 Ex 'd' 正壓型、連續稀釋方式和正壓室 Ex 'p' 增加安全型 Ex 'e' 特殊保護方式 Ex 's'
2	任何可使用於 0 種或 1 種場所的保護方式 保護型 Ex 'n' 油浸型 Ex 'o' 充填型 Ex 'q'

二、依溫度等級選擇

防爆電氣設備的溫度等級之最高表面溫度如表 7-13，或其所標定之特定最高表面溫度不可以超過該使用場所爆炸性氣體或蒸氣之點火溫度(Ignition temperature)。一般可燃性物質之點火溫度或其適用之防爆電氣設備的溫度等級可經由查表取得。但如所使用之物質在表上查不到，則應取得專家之建議，在確認該物質之溫度等級後，方可安裝上對應之適當防爆電氣設備。

防爆電氣設備上所標示之溫度等級(T class)，一般是在室溫不超過 40℃時所進行之溫升試驗值。因此在特殊情況下，如果該防爆電氣設備被設計在超過室溫 40℃運轉時，則該最高允許室溫應清楚地標示在電氣設備上。所以防爆電氣設備未特別標示使用室溫時，應使用在室溫不超過 40℃之環境下，縱使確認使用在超過室溫 40℃時（譬如電氣設備裝設在高溫表面處），該電氣設備之最高表面溫度不會超過該場所可能潛存之爆炸性氣體或蒸氣的點火溫度時，也應該向該製造商確認該電氣設備是否適合在這樣的溫度下操作。例如安裝在

管線保溫被覆上之電氣設備，其可能不受氣溫之影響，但卻可能受來自管線之熱的影響而失效。

表 7-13　防爆電氣設備之最高表面溫度與溫度等級（單位：℃）

溫度等級	最高表面溫度的範圍
T1	超過 300，450 以下
T2	超過 200，300 以下
T3	超過 135，200 以下
T4	超過 100，135 以下
T5	超過 85，100 以下
T6	85 以下

三、依設備群組選擇

防爆電氣設備之群組主要分為：

1. **群組 I**：適用於礦坑中潛存甲烷或沼氣之防爆型電氣設備。
2. **群組 II**：適用於潛存爆炸性氣體環境(Potentially explosive atmosphere)，而不是群組 I 之防爆型電氣設備。

另群組 II 之本質安全型 Ex 'ia'、耐壓型 Ex 'd'或特殊保護方式 Ex 's'的防爆型電氣設備，依據爆炸性氣體或蒸氣特性之需要，再細分為 A、B 及 C 之三種次群組。不需要次群組分類之防爆型電氣設備，可以適用於任何之爆炸性氣體或蒸氣中，而對於需要次群組分類之防爆型電氣設備應只適用在相同對應群組之爆炸性氣體或蒸氣中。但較高群組之防爆型電氣設備亦可適用於較低群組之爆炸性氣體或蒸氣中，例如群組 IIB 之防爆型電氣設備亦可適用於 IIA 之爆炸性氣體或蒸氣中，群組 IIC 之防爆型電氣設備亦可適用於 IIA 及 IIB 之爆炸性氣體或蒸氣中。但如所使用之物質在表上查不到其群組分類，只有在取得專家之建議，確認該次群組分類之防爆型電氣設備是適當的情形下，才可以安裝該防爆電氣設備。

四、依環境條件選擇

防爆電氣設備應在該設備所規定之環境條件下使用，才可避免電氣性或機械性之功能失效。如欲在該限制環境以外使用，應得到製造商或其他專家之相關建議才可進行。尤其應特別注意防水、防止液體或其他微粒狀物體之侵入、腐蝕，防止有機溶劑之影響及鄰近廠房熱效應之影響。當然防爆電氣設備之構造及功能是否合乎公認之防爆構造規格，則需要經過相關之驗證單位加以認證，並貼上認證合格標誌，才能確實證明已達到應有之防爆功能，所以在選擇防爆電氣設備時應選擇經認證合格之設備較適當。

7-5-1 本質安全型防爆電氣設備的選擇

一、允許使用的場所

本質安全型防爆電氣設備可分為'ia'及'ib'兩種，其中'ia'種類可適用於所有等級之危險場所（包括 0 種場所、1 種場所及 2 種場所），但'ib'種類主要被使用在 1 種場所及 2 種場所（不允許使用在 0 種場所）。

二、依溫度等級選擇

本質安全型防爆電氣設備的溫度等級，其最高表面溫度或所標定之特定最高表面溫度，不可以超過該使用場所爆炸性氣體或蒸氣之點火溫度，如果有兩種以上之爆炸性氣體或蒸氣存在時，則電氣設備的最高表面溫度不可以超過這些爆炸性氣體或蒸氣中的最低點火溫度。

本質安全型防爆電氣設備，一般是以室溫 40℃為該電氣設備之使用額定值。因此在決定該電氣設備之使用額定值時，必須將過高之溫度考慮在內（某些例外狀況可能必須考慮過低之溫度）。因此在特殊情況下，必須在防爆電氣設備上清楚地標示最高允許室溫。另外必須注意的是，假如防爆電氣設備被安裝在超過認證規格之室溫時，則該防爆電氣設備之防爆認證是失效的。

三、依設備次群組選擇

本質安全型防爆電氣設備依據爆炸性氣體或蒸氣特性之需要，將其次群組分為 IIA、IIB 及 IIC 三種。因此在選擇耐壓型防爆電氣設備之次群組時，必須根據爆炸性氣體或蒸氣之適用次群組來選擇相同對應次群組之防爆型電氣設備。但較高次群組之防爆型電氣設備亦可適用於較低次群組之爆炸性氣體或蒸氣中。如果有兩種以上之爆炸性氣體或蒸氣存在時，則必須根據爆炸性氣體或蒸氣之適用次群組中之最高次群組來選擇。但如所使用之爆炸性氣體或蒸氣在表上查不到其次群組分類時，應取得專家之建議，確認該選擇何種次群組之本質安全型防爆電氣設備。

四、依環境條件選擇

選擇本質安全型防爆電氣設備，應考慮在運轉之環境條件下使用時，可確保其電氣性或機械性之保護功能有效。尤其應特別注意防水、防止液體或其他微粒狀物體之侵入、腐蝕，防止有機溶劑之影響及鄰近廠房熱效應之影響。

五、選擇認證合格品

本質安全型防爆電氣設備之構造及功能，是否合乎公認之本質安全型防爆構造規格，則需要經過相關之驗證單位加以認證，並貼上認證合格標誌，才能確實證明已達到應有之本質安全防爆功能，所以在選擇本質安全型防爆電氣設備時，應選擇經認證合格之設備較適當。而有關國際電工委員會(IEC)、歐體(EN)、日本（電氣機械器具防爆構造規格，以下簡稱日本防爆構造規格；工場電氣設備防爆指針，以下簡稱日本防爆指針）及國內國家標準(CNS)耐壓型防爆構造規格之認證標示(Marking)規定如下：

(一) 國際電工委員會(IEC)規定

1. 應於防爆電氣設備之主要可見之處，以不受化學腐蝕及易讀之方式，標示以下內容：

(1) 製造商名稱及註冊商標。

(2) 製造商的型式檢定號碼。

(3) Ex 之符號：表示該電氣設備具有防爆構造並通過測試，適用於易爆性氣體環境。

(4) 保護型式使用符號：ia 或 ib。

(5) 電氣設備群組符號：IIA、IIB 或 IIC；或電氣設備僅適用於特定氣體時，則在 II 之後，加上該特定氣體之化學式或名稱。

(6) 溫度之標示：可採標示溫度等級(T1～T6)或最高表面溫度(℃)或兩者皆標示（最高表面溫度在前，溫度等級在後並以括號括起來），例如 T1 或 350℃或 350℃(T1)。如最高表面溫度超過 450℃時，以最高表面溫度標示；另外如使用之環境溫度範圍在−20～40℃之外時，應標示出該環境溫度範圍。

(7) 通常有標示序號，但連接附件（電纜、管線接口、盲板、接頭、插頭、插座和套管）或非常小的電氣設備（空間有限）可以省略。

(8) 認證單位的名稱或標誌及認證參考資料(Certification reference)，認證參考資料一般以認證年度後接該年度的認證序號表示。

(9) 假如認證單位基於安全使用，認為必須指明於特定情況下使用時，則必須在認證參考資料之後加上 X 符號。

(10) 電氣設備構造標準所要求之一般標示。

2. 一個防爆電氣設備如有超過一種保護型式被使用，在標示保護型式時，主要的保護型式標示在前，後接其他保護型式。

3. 前項第 1 點之(3)～(6)應接順序標示。

4. 非常小的電氣設備在空間有限之情況時，認證單位可以允許減少標示之項目，但至少須有：

(1) Ex 之符號。

(2) 認證單位的名稱或標誌。

(3) 認證參考資料。

(4) 如果有需要時，應標示 X 符號。

(5) 製造商名稱及註冊商標。

5. 電氣設備不符合 IEC-79 之規定，但經認證單位認可符合安全時，應標示 S 符號。

(二) 歐體(EN)規定

1. 應於防爆電氣設備之主要可見之處，以不受化學腐蝕及易讀之方式，標示以下內容：

(1) 製造商名稱及註冊商標。

(2) 製造商的型式檢定號碼。

(3) EEx 之符號：表示該電氣設備具有防爆構造並通過測試，適用於易爆性氣體環境。

(4) 保護型式使用符號：ia 或 ib。

(5) 電氣設備群組符號：IIA、IIB 或 IIC；或電氣設備僅適用於特定氣體時，則在 II 之後，加上該特定氣體之化學式或名稱。

(6) 溫度之標示：可採標示溫度等級(T1～T6)或最高表面溫度(℃)或兩者皆標示（最高表面溫度在前，溫度等級在後並以括號括起來），例如 T1 或 350℃或 350℃(T1)。如最高表面溫度超過 450℃時，以最高表面溫度標示；如使用於特定氣體環境時不須標示溫度，另外如使用之環境溫度範圍在−20～40℃之外時，應以 Ta 或 Tamb 後接該環境溫度範圍或 X 符號來標示。

(7) 通常有標示序號，但連接附件（電纜、管線接口、盲板、接頭、插頭、插座和套管）或非常小的電氣設備（空間有限）可以省略。

(8) 認證單位的名稱或標誌及認證參考資料(certification reference)，認證參考資料一般以認證年度後接該年度的認證序號表示。

(9) 假如認證單位基於安全使用，認為必須指明於特定情況下使用時，則必須在認證參考資料之後加上 X 符號，但認證單位也可以允許以警告符號來取代 X 符號。

(10) 電氣設備構造標準所要求之一般標示。

2. 一個防爆電氣設備如有超過一種保護型式被使用，在標示保護型式時，主要的保護型式標示在前，後接其他保護型式。
3. 前項第 1 點之(3)～(6)應接順序標示。
4. 應於防爆零件(Excomponents)之可見處，以易讀及可耐久之方式，標示以下內容：

(1) 製造商名稱及註冊商標。

(2) 製造商的型式檢定號碼。

(3) EEx 之符號。

(4) 保護型式使用符號：ia 或 ib。

(5) 電氣設備群組符號。

(6) 認證單位的名稱或標誌。

(7) 認證參考資料之後加上 U 符號，而不使用 X 符號。

5. 非常小的電氣設備或防爆零件在空間有限之情況時，認證單位可以允許減少標示之項目，但至少須有：

(1) 製造商名稱及註冊商標。

(2) EEx 之符號。

(3) 認證單位的名稱或標誌。

(4) 認證參考資料。

(5) 如果有需要時，電氣設備應標示 X 符號，防爆零件應標示 U 符號。

(三) 日本防爆構造規格規定

1. 應於防爆電氣設備之主要可見之處，以不受化學腐蝕及易讀之方式，標示以下內容：
   (1) 製造商名稱及註冊商標。
   (2) 製造商的型式檢定號碼。
   (3) Ex 之符號：表示該電氣設備具有防爆構造並通過測試，適用於易爆性氣體環境。
   (4) 保護型式使用符號：ia 或 ib。
   (5) 電氣設備群組符號：IIA、IIB 或 IIC；或電氣設備僅適用於特定氣體時，則在 II 之後，加上該特定氣體之化學式或名稱。
   (6) 溫度之標示：可採標示溫度等級(T1～T6)或最高表面溫度(℃)或兩者皆標示（最高表面溫度在前，溫度等級在後並以括號括起來），例如 T1 或 350℃或 350℃(T1)；另外如使用之環境溫度範圍在−20～40℃之外時，應標示出該環境溫度範圍。
   (7) 有必要時應標示製造序號。
   (8) 必須指明於特定情況下使用時，則必須加上 X 符號。
2. 一個防爆電氣設備如有超過一種保護型式被使用，在標示保護型式時，主要的保護型式標示在前，後接其他保護型式。
3. 前項第 1 點之(3)～(6)應接順序標示。
4. 非常小的電氣設備在空間有限之情況時，可以允許減少標示之項目，但至少須有：
   (1) Ex 之符號。
   (2) 製造商名稱及註冊商標。
   (3) 如果有需要時，應標示 X 符號。

(四) 日本防爆指針規定

於防爆電氣設備之可見處，除應標示電氣設備之一般規格外，還必須標示以下防爆構造有關事項：

1. 保護型式使用符號：ia 或 ib。
2. 電氣設備群組符號：1、2、3a、3b、3c 或 3n；或電氣設備僅適用於特定氣體時，則標示該特定氣體之化學式或名稱。
3. 溫度之標示：以溫度等級(Gl-G6)標示；或電氣設備僅適用於特定氣體時不須標示溫度。
4. 一個防爆電氣設備如有超過一種保護型式被使用，在標示保護型式時，主要的保護型式標示在前，後接其他保護型式。
5. 前項第 1～3 點應接順序標示。
6. 必須指明於特定情況下使用時，則必須明確標示之。

(五) 國家標準(CNS)規定

同日本防爆指針規定。

7-5-2 耐壓型防爆電氣設備之選擇

一、允許使用的場所

耐壓型防爆電氣設備，主要被使用在第 1 種場所及第 2 種所（尤其在正常操作情況下可能產生電弧或火花之設備）。

二、依溫度等級選擇

耐壓型防爆電氣設備的溫度等級，其最高表面溫度或所標定之特定最高表面溫度，不可以超過該使用場所爆炸性氣體或蒸氣之點火溫度，如果有兩種以上之爆炸性氣體或蒸氣存在時，則電氣設備的最高表面溫度不可以超過這些爆炸性氣體或蒸氣中的最低點火溫度。

耐壓型防爆電氣設備一般是以室溫 40℃為該電氣設備之使用額定值。因此在決定該電氣設備之使用額定值時必須將過高之溫度考慮在內（某些例外狀況可能必須考慮過低之溫度）。因此在特殊情況下，必須在防爆電氣設備上清楚地標示最高允許室溫。另外必須注意的是假如防爆電氣設備被安裝在室溫超過認證規格之室溫時，則該防爆電氣設備之防爆認證是失效的。

三、依設備次群組選擇

耐壓型防爆電氣設備依據爆炸性氣體或蒸氣特性之需要，將其次群組分為 IIA、IIB 及 IIC 三種。因此在選擇耐壓型防爆電氣設備之次群組時，必須根據爆炸性氣體或蒸氣之適用次群組來選擇相同對應次群組之防爆型電氣設備，但較高次群組之防爆型電氣設備亦可適用於較低次群組之爆炸性氣體或蒸氣中。如果有兩種以上之爆炸性氣體或蒸氣存在時，則必須根據爆炸性氣體或蒸氣之適用次群組中之最高次群組來選擇。但如所使用之爆炸性氣體或蒸氣在表上查不到其次群組分類時，應取得專家之建議，確認該選擇何種次群組之耐壓型防爆電氣設備。

四、依環境條件選擇

選擇耐壓型防爆電氣設備，應考慮在運轉之環境條件下使用時，可確保其電氣性或機械性之保護功能有效。尤其應特別注意防水，防止液體或其他微粒狀物體之侵入、腐蝕，防止有機溶劑之影響及鄰近廠房熱效應之影響。

五、選擇認證合格品

耐壓型防爆電氣設備之構造及功能，是否合乎公認之耐壓型防爆構造規格，則需要經過相關之驗證單位加以認證，並貼上認證合格標誌，才能確實證明已達到應有之耐壓防爆功能，所以在選擇耐壓型防爆電氣設備時，應選擇經認證合格之設備較適當。而有關國際電工委員會(IEC)、歐體(EN)、日本（電氣機械器具防爆構造規格，以下簡稱日本防爆構造規格；工場電氣設備防爆指針，以下簡稱日本防爆指針）及國內國家標準(CNS)耐壓型防爆構造規格之認證標示(marking)規定如下：

(一) 國際電工委員會(IEC)規定

1. 應於防爆電氣設備之主要可見之處，以不受化學腐蝕及易讀之方式，標示以下內容：
   (1) 製造商名稱及註冊商標。
   (2) 製造商的型式檢定號碼。
   (3) EEx 之符號：表示該電氣設備具有防爆構造並通過測試，適用於易爆性氣體環境。
   (4) 保護型式使用符號：d。
   (5) 電氣設備群組符號：IIA、IIB 或 IIC；或電氣設備僅適用於特定氣體時，則在 II 之後，加上該特定氣體之化學式或名稱。
   (6) 溫度之標示：可採標示溫度等級(T1～T6)或最高表面溫度(℃)或兩者皆標示（最高表面溫度在前，溫度等級在後並以括號括起來），例如 T1 或 350℃或 350℃(T1)。如最高表面溫度超過 450℃時，以最高表面溫度標示；另外如使用之環境溫度範圍在−20～40℃之外時，應標示出該環境溫度範圍。
   (7) 通常有標示序號，但連接附件（電纜、管線接口、盲板、接頭、插頭、插座和套管）或非常小的電氣設備（空間有限）可以省略。
   (8) 認證單位的名稱或標誌及認證參考資料(certification reference)，認證參考資料一般以認證年度後接該年度的認證序號表示。
   (9) 假如認證單位基於安全使用，認為必須指明於特定情況下使用時，則必須在認證參考資料之後加上 X 符號。
   (10) 電氣設備構造標準所要求之一般標示。

2. 一個防爆電氣設備如有超過一種保護型式被使用，在標示保護型式時，主要的保護型式標示在前，後接其他保護型式。
3. 前項第 1 點之(3)～(6)應接順序標示。
4. 非常小的電氣設備在空間有限之情況時，認證單位可以允許減少標示之項目，但至少須有：
   (1) Ex 之符號。
   (2) 認證單位的名稱或標誌。
   (3) 認證參考資料。
   (4) 如果有需要時，應標示 X 符號。
   (5) 製造商名稱及註冊商標。
5. 電氣設備不符合 IEC-79 之規定，但經認證單位認可符合安全時，應標示 S 符號。

(二) 歐體(EN)規定

1. 應於防爆電氣設備之主要可見之處，以不受化學腐蝕及易讀之方式，標示以下內容：
   (1) 製造商名稱及註冊商標。
   (2) 製造商的型式檢定號碼。
   (3) EEx 之符號：表示該電氣設備具有防爆構造並通過測試，適用於易爆性氣體環境。
   (4) 保護型式使用符號：d。
   (5) 電氣設備群組符號：IIA、IIB 或 IIC；或電氣設備僅適用於特定氣體時，則在 II 之後，加上該特定氣體之化學式或名稱。
   (6) 溫度之標示：可採標示溫度等級(T1～T6)或最高表面溫度(℃)或兩者皆標示（最高表面溫度在前，溫度等級在後並以括號括起來），例如 T1 或 350℃或 350℃(T1)。如最高表面溫度超過 450℃時，以最高表面溫度標示，又使用於特定氣體環境時不須標示溫度；另外如使用之環境溫度範圍在–20～40℃之外時，應以 Ta 或 Tamb 後接該環境溫度範圍或 X 符號來標示。

(7) 通常有標示序號，但連接附件（電纜、管線接口、盲板、接頭、插頭、插座和套管）或非常小的電氣設備（空間有限）可以省略。

(8) 認證單位的名稱或標誌及認證參考資料(certification reference)，認證參考資料一般以認證年度後接該年度的認證序號表示。

(9) 假如認證單位基於安全使用，認為必須指明於特定情況下使用時，則必須在認證參考資料之後加上 X 符號，但認證單位也可以允許以警告符號來取代 X 符號。

(10) 電氣設備構造標準所要求之一般標示。

2. 一個防爆電氣設備如有超過一種保護型式被使用，在標示保護型式時，主要的保護型式標示在前，後接其他保護型式。

3. 前項第 1 點之(3)～(6)應接順序標示。

4. 應於防爆零件(Ex components)之可見處，以易讀及可耐久之方式，標示以下內容：

(1) 製造商名稱及註冊商標。

(2) 製造商的型式檢定號碼。

(3) EEx 之符號。

(4) 保護型式使用符號：d。

(5) 電氣設備群組符號。

(6) 認證單位的名稱或標誌。

(7) 認證參考資料之後加上 U 符號，而不使用 X 符號。

5. 非常小的電氣設備或防爆零件在空間有限之情況時，認證單位可以允許減少標示之項目，但至少須有：

(1) 製造商名稱及註冊商標。

(2) EEx 之符號。

(3) 認證單位的名稱或標誌。

(4) 認證參考資料。

(5) 如果有需要時，電氣設備應標示 X 符號，防爆零件應標示 U 符號。

(三) 日本防爆構造規格規定

1. 應於防爆電氣設備之主要可見之處，以不受化學腐蝕及易讀之方式，標示以下內容：

   (1) 製造商名稱及註冊商標。

   (2) 製造商的型式檢定號碼。

   (3) Ex 之符號：表示該電氣設備具有防爆構造並通過測試，適用於易爆性氣體環境。

   (4) 保護型式使用符號：d。

   (5) 電氣設備群組符號：IIA、IIB 或 IIC；或電氣設備僅適用於特定氣體時，則在 II 之後，加上該特定氣體之化學式或名稱。

   (6) 溫度之標示：可採標示溫度等級(Tl～T6)或最高表面溫度(℃)或兩者皆標示（最高表面溫度在前，溫度等級在後並以括號括起來），例如 T1 或 350℃或 350℃(T1)；另外如使用之環境溫度範圍在–20～40℃之外時，應標示出該環境溫度範圍。

   (7) 有必要時應標示製造序號。

   (8) 必須指明於特定情況下使用時，則必須加上 X 符號。

2. 一個防爆電氣設備如有超過一種保護型式被使用，在標示保護型式時，主要的保護型式標示在前，後接其他保護型式。

3. 前項第 1 點之(3)～(6)應接順序標示。

4. 非常小的電氣設備在空間有限之情況時，可以允許減少標示之項目，但至少須有：

   (1) Ex 之符號。

   (2) 製造商名稱及註冊商標。

(3) 如果有需要時，應標示 X 符號。

(四) 日本防爆指針規定

於防爆電氣設備之可見處，除應標示電氣設備之一般規格外，還必須標示以下防爆構造有關事項：

1. 保護型式使用符號：d。
2. 電氣設備群組符號：1、2、3a、3b、3c 或 3n；或電氣設備僅適用於特定氣體時，則標示該特定氣體之化學式或名稱。
3. 溫度之標示：以溫度等級(G1～G6)標示；或電氣設備僅適用於特定氣體時不須標示溫度。
4. 一個防爆電氣設備如有超過一種保護型式被使用，在標示保護型式時，主要的保護型式標示在前，後接其他保護型式。
5. 前項第 1～3 點應接順序標示。
6. 必須指明於特定情況下使用時，則必須明確標示之。

(五) 國家標準(CNS)規定

同日本防爆指針規定。

7-5-3　增加安全型防爆電氣設備的選擇

一、允許使用的場所

1. 增加安全型防爆電氣設備不能使用於 0 種場所。
2. 增加安全型防爆電氣設備可使用於 1 種場所及 2 種場所。但內部含有裸露帶電部分，則容器之保護等級應在 IP54 以上；若內部含有絕緣帶電部分，則容器之保護等級應在 IP44 以上。
3. 旋轉機若設置於 2 種場所之清淨室，則該容器之保護等級可放寬為 IP20 以上，但端子箱部分之保護等級仍應為 IP54 以上。

4. 如使用之場所可能有足量之溶劑或腐蝕性物質侵入容器內，而引起絕緣之劣化時，則該容器應使用較第 2 點所述之更高保護等級。

二、依溫度等級選擇

增加安全型防爆電氣設備的溫度等級，其最高表面溫度或所標定之特定最高表面溫度，不可以超過該使用場所爆炸性氣體或蒸氣之點火溫度，如果有兩種以上之爆炸性氣體或蒸氣存在時，則電氣設備的最高表面溫度不可以超過這些爆炸性氣體或蒸氣中的最低點火溫度。

增加安全型防爆電氣設備一般是以室溫 40℃為該電氣設備之使用額定值。因此在決定該電氣設備之使用額定值時，必須將過高之溫度考慮在內（某些例外狀況可能必須考慮過低之溫度）。因此在特殊情況下，必須在防爆電氣設備上清楚地標示最高允許室溫。另外必須注意的是假如防爆電氣設備被安裝在超過認證規格之室溫時，則該防爆電氣設備之防爆認證是失效的。

三、依設備次群組選擇

增加安全型防爆電氣設備沒有次群組之分類。因此在選擇增加安全型防爆電氣設備時，不必考慮爆炸性氣體或蒸氣之適用次群組。但如選用之防爆電氣設備是由增加安全型防爆方式搭配其他防爆方式（如耐壓型或本質安全型等）組合者，就必須依照其他防爆方式之規定選擇適當之次群組，例如耐壓型開關元件搭配增加安全型端子箱裝設在增加安全型器殼內時，則應依耐壓型開關元件之次群組分類來選擇。

四、依環境條件選擇

選擇增加安全型防爆電氣設備，應考慮在運轉之環境條件下使用時，可確保其電氣性或機械性之保護功能有效。尤其應特別注意防水、防止液體或其他微粒狀物體之侵入、腐蝕，防止有機溶劑之影響及鄰近廠房熱效應之影響。

五、選擇認證合格品

增加安全型防爆電氣設備之構造及功能，是否合乎公認之增加安全型防爆構造規格，則需要經過相關驗證單位加以認證，並貼上認證合格標誌，才能確實證明已達到應有之增加安全防爆功能，所以在選擇增加安全型防爆電氣設備時，應選擇經認證合格之設備較適當。而有關國際電工委員會(IEC)、歐體(EN)、日本防爆構造規格、日本防爆指針及國內國家標準(CNS)增加安全型防爆構造規格之認證標示(marking)規定如下：

(一) 國際電工委員會(IEC)規定

1. 應於防爆電氣設備之主要可見之處，以不受化學腐蝕及易讀之方式，標示以下內容：
   (1) 製造商名稱及註冊商標。
   (2) 製造商的型式檢定號碼。
   (3) Ex 之符號：表示該電氣設備具有防爆構造並通過測試，適用於易爆性氣體環境。
   (4) 保護型式使用符號：e。
   (5) 溫度之標示：可採標示溫度等級(T1～T6)或最高表面溫度(℃)或兩者皆標示（最高表面溫度在前，溫度等級在後並以括號括起來），例如 T1 或 350℃或 350℃(T1)。如最高表面溫度超過 450℃時，以最高表面溫度標示；另外如使用之環境溫度範圍在−20～40℃之外時，應標示出該環境溫度範圍。
   (6) 通常有標示序號，但連接附件（電纜、管線接口、盲板、接頭、插頭、插座和套管）或非常小的電氣設備（空間有限）可以省略。
   (7) 認證單位的名稱或標誌及認證參考資料(certification reference)，認證參考資料一般以認證年度後接該年度的認證序號表示。
   (8) 假如認證單位基於安全使用，認為必須指明於特定情況下使用時，則必須在認證參考資料之後加上 X 符號。
   (9) 電氣設備構造標準所要求之一般標示。

2. 一個防爆電氣設備如有超過一種保護型式被使用，在標示保護型式時，主要的保護型式標示在前，後接其他保護型式。
3. 前項第 1 點之(3)～(5)應接順序標示。
4. 非常小的電氣設備在空間有限之情況時，認證單位可以允許減少標示之項目，但至少須有：
   (1) Ex 之符號。
   (2) 認證單位的名稱或標誌。
   (3) 認證參考資料。
   (4) 如果有需要時，應標示 X 符號。
   (5) 製造商名稱及註冊商標。
5. 電氣設備不符合 IEC-79 之規定，但經認證單位認可符合安全時，應標示 S 符號。
6. 其他應標記之事項：
   (1) 額定電壓及額定電流。
   (2) 旋轉電氣設備應標示束縛電流比及束縛時間 t_E。
   (3) 量測儀器及量測變比器應標示額定熱電流限值 I_{th} 及額定機械性電流限值 I_{dyn}。
   (4) 照明器具應標示有關光源可能被使用之技術資料，例如電氣相關額定值，有必要時亦需標示尺寸大小。
   (5) 端子箱及連接箱應標示可允許之最大消耗功率。
   (6) 使用上之限制，例如僅適用於潔淨的場所。
   (7) 特殊保護裝置之特性標示。
   (8) 蓄電池之電池構造型式、數量、公稱電壓、額定容量及其放電率，另外如蓄電池不可以在危險區域充電時，亦應有「可以在危險區域充電」之警告銘板。
   (9) 電熱器或電熱單元之最高使用溫度 T_P。

(二) 歐體(EN)規定

1. 應於防爆電氣設備之主要可見之處，以不受化學腐蝕及易讀之方式，標示以下內容：
   (1) 製造商名稱及註冊商標。
   (2) 製造商的型式檢定號碼。
   (3) EEx 之符號：表示該電氣設備具有防爆構造並通過測試，適用於易爆性氣體環境。
   (4) 保護型式使用符號：e。
   (5) 溫度之標示：可採標示溫度等級(Tl～T6)或最高表面溫度(℃)或兩者皆標示（最高表面溫度在前，溫度等級在後並以括號括起來），例如 T1 或 350℃或 350℃(T1)。如最高表面溫度超過 450℃時，以最高表面溫度標示，又使用於特定氣體環境時不須標示溫度；另外如使用之環境溫度範圍在−20～40℃之外時，應以 Ta 或 Tamb 後接該環境溫度範圍或 X 符號來標示。
   (6) 通常有標示序號，但連接附件（電纜、管線接口、盲板、接頭、插頭、插座和套管）或非常小的電氣設備（空間有限）可以省略。
   (7) 認證單位的名稱或標誌及認證參考資料(certification reference)，認證參考資料一般以認證年度後接該年度的認證序號表示。
   (8) 假如認證單位基於安全使用，認為必須指明於特定情況下使用時，則必須在認證參考資料之後加上 X 符號，但認證單位也可以允許以警告符號來取代 X 符號。
   (9) 電氣設備構造標準所要求之一般標示。

2. 一個防爆電氣設備如有超過一種保護型式被使用，在標示保護型式時，主要的保護型式標示在前，後接其他保護型式。

3. 前項第 1 點之(3)～(5)應接順序標示。

4. 應於防爆零件(Excomponents)之可見處，以易讀及可耐久之方式，標示以下內容：
   (1) 製造商名稱及註冊商標。
   (2) 製造商的型式檢定號碼。
   (3) EEx 之符號。
   (4) 保護型式使用符號：e。
   (5) 認證單位的名稱或標誌。
   (6) 認證參考資料之後加上 U 符號，而不使用 X 符號。
5. 非常小的電氣設備或防爆零件在空間有限之情況時，認證單位可以允許減少標示之項目，但至少須有：
   (1) 製造商名稱及註冊商標。
   (2) EEx 之符號。
   (3) 認證單位的名稱或標誌。
   (4) 認證參考資料。
   (5) 如果有需要時，電氣設備應標示 X 符號，防爆零件應標示 U 符號。
6. 其他應標記之事項：
   (1) 額定電壓及額定電流。
   (2) 旋轉電氣設備應標示束縛電流比 I_A/I_N 及束縛時間 t_E 。
   (3) 量測儀器及量測變比器應標示額定熱電流限值 I_{th} 及額定機械性電流限值 I_{dyn} 。
   (4) 照明器具應標示有關光源可能被使用之技術資料，例如電氣相關額定值，有必要時亦需標示尺寸大小。
   (5) 端子箱及連接箱應標示可允許之最大消耗功率。
   (6) 使用上之限制，例如僅適用於潔淨的場所。
   (7) 特殊保護裝置之特性標示。
   (8) 蓄電池之電池構造型式、數量、公稱電壓、額定容量及其放電率，另外如蓄電池不可以在危險區域充電時，亦應有「不可以在危險區域充電」

之警告銘板，及有關充電、使用或維修之安全說明，例如：充電中應打開蓋子、充電完後應停留多少時間讓氣體洩放掉後才蓋上蓋子、檢查電解液之液面高度及可以添加的電解液和水之規格。

(9) 電熱器或電熱單元之最高使用溫度 T_P。

(三) 日本防爆構造規格規定

1. 應於防爆電氣設備之主要可見之處，以不受化學腐蝕及易讀之方式，標示以下內容：
   (1) 製造商名稱及註冊商標。
   (2) 製造商的型式檢定號碼。
   (3) Ex 之符號：表示該電氣設備具有防爆構造並通過測試，適用於易爆性氣體環境。
   (4) 保護型式使用符號：e。
   (5) 溫度之標示：可採標示溫度等級(Tl～T6)或最高表面溫度(℃)或兩者皆標示（最高表面溫度在前，溫度等級在後並以括號括起來），例如 T1 或 350℃或 350℃(T1)；另外如使用之環境溫度範圍在−20～40℃之外時，應標示出該環境溫度範圍。
   (6) 有必要時應標示製造序號。
   (7) 必須指明於特定情況下使用時，則必須加上 X 符號。
2. 一個防爆電氣設備如有超過一種保護型式被使用，在標示保護型式時，主要的保護型式標示在前，後接其他保護型式。
3. 前項第 1 點之(3)～(5)應接順序標示。
4. 非常小的電氣設備在空間有限之情況時，可以允許減少標示之項目，但至少須有：
   (1) Ex 之符號。
   (2) 製造商名稱及註冊商標。
   (3) 如果有需要時，應標示 X 符號。

5. 其他應標記之事項：
   (1) 額定電壓及額定電流。
   (2) 旋轉電氣設備應標示束縛電流比 I_A/I_N 及束縛時間 t_E 。
   (3) 量測儀器及量測變比器應標示額定熱電流限值 I_{th} 及額定機械性電流限值 I_{dyn} 。
   (4) 照明器具的光源最大額定值。
   (5) 端子箱及連接箱應標示可允許之最大消耗功率。
   (6) 使用上之限制，例如僅適用於潔淨的場所。
   (7) 特殊保護裝置之特性標示。
   (8) 蓄電池之電池構造型式、數量、公稱電壓、額定容量及其放電率。
   (9) 電熱器或電熱單元之最高使用溫度 T_P 。

(四) 日本防爆指針規定

於防爆電氣設備之可見處，除應標示電氣設備之一般規格外，還必須標示以下防爆構造有關事項：

1. 保護型式使用符號：e。
2. 溫度之標示：以溫度等級(Gl～G6)標示。
3. 一個防爆電氣設備如有超過一種保護型式被使用，在標示保護型式時，主要的保護型式標示在前，後接其他保護型式。
4. 前項第 1～2 點應接順序標示。
5. 必須指明於特定情況下使用時，則必須明確標示之。

(五) 國家標準(CNS)規定

同日本防爆指針規定。

一、選擇題

( ) 1. 氣體或蒸氣之分類在正常操作條件下存在足夠濃度易燃性氣體或蒸氣之場所，或在設備故障時可能同時洩放易燃性氣體或蒸氣、且造成電氣設備失效之場所，係屬 API 所表示之 (1)第 I 類 1 級區(Class I division 1) (2)第 I 類 2 級區(Class I division 2) (3)第 II 類 1 級區(Class II division 1) (4)第 II 類 2 級區(Class II division 2)。

( ) 2. 我國及日本防爆系統符號，第一位表示 (1)環境 (2)構造 (3)爆發等級 (4)燃點溫度等級 代號。

( ) 3. 我國及日本防爆系統符號，第二位表示 (1)環境 (2)構造 (3)爆發等級 (4)燃點溫度等級 代號。

( ) 4. 我國及日本防爆系統符號 d2G4 表示防爆構造為 (1)本質安全 (2)耐壓 (3)正壓 (4)安全增 防爆。

( ) 5. 我國及日本防爆系統符號 eG3 表示防爆構造為 (1)本質安全 (2)耐壓 (3)正壓 (4)安全增 防爆。

( ) 6. 下列何種防爆電氣設備適用在第 I 類 0 區(Class I Zone 0)？ (1)正壓 (2)耐壓 (3)增加安全 (4)本質安全 防爆。

( ) 7. 國際各系統對於防爆燃點等級共分為六級，其中 G5 表示著火點在 (1)超過 300℃至 450℃以下 (2)超過 200℃至 300℃以下 (3)超過 135℃至 200℃以下 (4)超過 100℃至 135℃以下。

( ) 8. 液化石油氣或輕液化可燃氣，屬於 IP 易燃性物質分類法則之 (1)A 類 (2)B 類 (3)C 類 (4)G 類 液體。

(　) 9. 由於修繕、保養或洩漏等因素，經常有爆發性聚集而易發生危險之場所，係屬 (1)第一種 (2)第二種 (3)第三種 (4)第四種 危險場所。

(　) 10. 雖然有換氣裝置防止爆發性氣體聚集而發生危險，但因換氣裝置異常或發生事故，而易發生危險之場所，係屬 (1)第一種 (2)第二種 (3)第三種 (4)第四種 危險場所。

(　) 11. 全封閉構造器殼內部發生爆炸時，能耐其爆壓，且不引起外部爆發性氣體爆炸之構造，係屬 (1)正壓 (2)耐壓 (3)增加安全 (4)本質安全 防爆。

(　) 12. 對防爆設備而言，如果洩漏的物質蒸氣或氣體其比重在 (1)0.65 (2)0.75 (3)0.85 (4)0.95 以上者，在易燃氣體之分類，屬於對空氣而言較重者。

(　) 13. 可使釋出的爆炸性氣體濃度馬上減少，並可保持在較低的爆炸限度以下，係屬 (1)高度通風 (2)中度通風 (3)低度通風 (4)無通風之場所。

(　) 14. 可裝置在較危險的場所，如存有易燃易爆的氣體、液體、粉塵或纖維的地方。這些設備包括配線，即使在異常的情況下，也不會釋出足夠的電能引燃空氣中易燃易爆物，因此不需要特別的封箱、正壓或其他安全防護罩，稱為 (1)本質 (2)絕對 (3)相對 (4)可靠 安全防爆設備。

二、問答題

1. 試述我國《用戶用電設備裝置規則》對危險場所的分類。
2. 試述國際各系統對於防爆燃點等級的劃分情形。
3. 試述防爆裝置依其構造及特性區分的種類為何？

4. 試述我國防爆系統識別代號的意義。
5. 試述防爆電氣設備依場所等級選擇保護方式有哪些？
6. 日本爆炸等級 3 又區分為 3a、3b、3c、3n 等四種，試述其個別代表的意義為何？
7. 試述本質安全型防爆電氣設備的特性。
8. 試比較耐壓防爆及正壓防爆電氣設備的特性。

memo

電氣安全管理

8-1 停電作業
8-2 活線作業
8-3 電氣安全檢查
8-4 電氣安全教育訓練

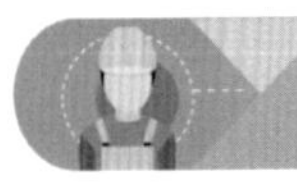

8-1 停電作業

停電作業係在電源開關啟斷狀態下實施之作業，電氣設施維修、保養應以停電作業方式進行。實施停電作業須先明確停電範圍、作業區間、短路接地位置、監視人配置、測試加壓處及範圍，標示於電路配置圖內並公布之，施工前應懸掛「停電作業中禁止操作」等警告牌，再切斷電源並施以開關加鎖等多重安全措施。停電作業應採取下列設施：

一、開關上鎖或標示「禁止送電」、「停電作業中」或設置監視人員監視之。

二、電路有殘留電荷引起危害之虞者，應以安全方法確實放電。

三、為防止該停電電路與其他電路之混觸、或因其他電路之感應、或其他電源之逆送電引起感電之危害，應使用短路接地器具確實短路，並加接地。將該停電作業範圍以藍帶或網加圍，並懸掛「停電作業區」標誌。

四、前項作業終了送電時，應事先確認從事作業等之勞工無感電之虞，並於拆除短路接地器具與紅藍帶或網及標誌後為之。

對於高壓或特別高壓電路，非用於啟斷負載電流之空斷開關（隔離開關）及分段開關（斷路器），為防止操作錯誤，應設置足以顯示該電路為無負載之指示燈或指示器等，使操作勞工易於識別該電路確無負載。

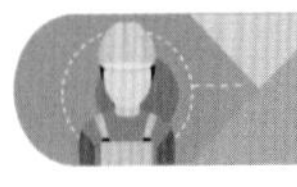

8-2 活線作業

活線作業係在電路仍有電流流通之狀態實施作業，其風險高於一般之停電作業，為防止活線作業遭受電擊之危險，活線作業應遵守下列規定：

一、戴用絕緣用防護具，並於有接觸或接近該電路部分設置絕緣用防護裝備。

二、使用活線作業用器具。

三、使用活線作業用絕緣工作台及其他裝備，並不得使勞工之身體或其使用中之工具、材料等導電體接觸或接近有使勞工感電之虞之電路或帶電體。

接近高壓電有潛在「閃絡」危險，因此在接近高壓電路或高壓電路支持物從事敷設、檢查、修理、油漆等作業時，為防止人員接觸高壓電路引起感電之危險，依「職業安全衛生設施規則」規定在距離頭上、身側及腳下 60 公分以內之高壓電路，應在該電路設置絕緣用防護裝備，或戴用絕緣用防護具。

使勞工於特高壓之充電電路或其支持礙子從事檢查、修理、清掃等作業時，應使作業人員使用活線作業用器具，並對其身體或其使用中之金屬工具、材料等導電體，應保持「職業安全衛生設施規則」規定之接近界限距離。並使作業者使用活線作業用裝置，不得使其身體或其使用中之金屬工具、材料等導電體接觸或接近於有使其感電之虞之電路或帶電體。並將接近界限距離標示於易見之場所或設置監視人員從事監視作業。

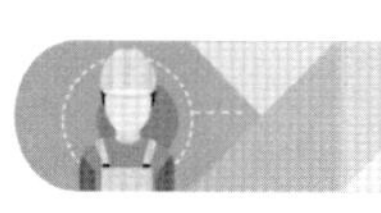

8-3 電氣安全檢查

一、電氣設備自動檢查法令依據

職業安全衛生管理辦法第 79 條規定：事業單位實施自動檢查時，應訂定自動檢查計畫，依計畫實施定期檢查、重點檢查，且應置備檢查記錄，並保存三年。同辦法第 80 條規定檢查記錄應記載事項如下：

1. 檢查年月日。
2. 檢查方法。
3. 檢查部分。

4. 檢查結果。

5. 實施檢查者之姓名。

6. 依檢查結果採取改善措施之內容。

二、檢查方式及檢查對象與要領

依《職業安全衛生管理辦法》第 30 條、第 31 條規定：事業單位之電氣設備應每年定期實施檢查一次，其高壓與低壓電氣設備應檢查對象與要項如下：

1. 高壓與低壓受電盤及分電盤（含各種電驛、儀表及其他切換開關等）之動作試驗。

2. 高壓與低壓用電設備絕緣情形，接地電阻及其他安全設備狀況。

3. 自備屋外高壓與低壓配電線路情況。

4. 高壓與低壓之界定
   (1) 特別高壓：指超過 22,800 伏特之電壓。
   (2) 高壓：指超過 600 伏特，22,800 伏特以上之電壓。
   (3) 低壓：指 600 伏特以下之電壓。

依《職業安全衛生管理辦法》第 31-1 條規定：雇主對於防爆電氣設備，應每月依下列規定定期實施檢查一次：

1. 本體有無損傷、變形。

2. 配管、配線等有無損傷、變形及異常狀況。

3. 其他保持防爆性能之必要事項。

三、作業場所之電氣設備檢點

(一) 管理上的檢點

實施日常檢點或定期檢點，以期提早發現電氣機械器具等之異常狀況。安全裝置一般備有如試驗按鈕的檢查裝置，可容易確認動作情形；一般的電氣機器雖不備如此的檢查裝置機構，但對一般電氣機具或電路也須實施定期檢查，經常保持良好的絕緣性能，對防止感電災害是非常重要的。實用的絕緣性能檢查方式如下：

1. 絕緣耐力試驗：又稱耐壓試驗，一般在導體與接地間加一定時間的高電壓，如絕緣不破壞者為及格。此實驗很實用且簡單，故多被採用。
2. 測定絕緣電阻：以一般所謂的高阻計加以測定，絕緣電阻是於使用中極端的吸濕或表面汙損等判定指標，但不能僅以此值判斷絕緣的良否。
3. 測定洩漏電流：洩漏電流計是將零相變流器鉤接於電路的電線或電氣機器的接地線以測定洩漏電流。其優點為電路或機器在使用狀態下（不停電）加以測定。但洩漏電流於機器或電路正常時也多少會流通，又隨電氣設備的規模或環境而改變，故由定期測定的結果，視其變化情形加以判斷。
4. 測定接地電阻。
5. 漏電斷路器之跳脫測試等。

(二) 作業上的檢點

1. 實施停電作業時，須把停電範圍、作業區域、監視人的配置、短路接地的位置、測驗所需加壓處所以及範圍等明確的記入於線路圖及配置圖。
2. 避免單獨作業，須共同作業。
3. 電動工具等作業所需機械工具類，須事前檢查絕緣電阻、外觀等，並使用貼有指定使用期限的檢查合格證者。
4. 電壓 150 伏特以上之電動工具須裝設漏電斷路器使用。
5. 懸掛「禁止操作」、「短路接地中」等警告牌。
6. 實施作業的迴路於電源側須切斷二重開關，否則不准作業。然後施以開關加鎖、切斷操作電源等多重安全措施。
7. 直接操作空斷開關時，須穿戴防護面具及絕緣手套，並以絕緣操作棒操作。

8. 實施操作－呼喚（指認呼喚）的操作確認。
9. 雖然已停電，但開始作業前須確認對象機器、電纜等之對象迴路的檢電，以及實施充電電荷的放電（職業安全衛生設施規則第 254 條）。
10. 指定停電作業處所做好短路接地，接地用具採用指定專用者。
11. 定期測定絕緣電阻，以期提早診斷劣化。
12. 定期測定自動電擊防止裝置的性能。
13. 實施耐壓試驗、絕緣電阻測定等電氣性試驗時，設置監視人，以實施安全作業。
14. 臨時配線須獨立配線，而不應接到既設線路。
15. 確實執行聯絡、確認，須全體周知時，利用廠內廣播系統。
16. 無作業計畫者不得作業，發現異常時不要擅作主張，立刻報告現場負責人，服從上級的指示。因熱心或善意的個人行動，往往變成徒勞無功，有時甚至發生危險。
17. 即使是有時間限制之作業會因而心急，但絕不可省略應有的程序。
18. 作業負責人須徹底執行監督之責，絕不得從事其他之作業。
19. 有關作業內容、安全措施等，事前須接受充分之教育訓練。

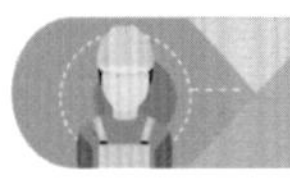

8-4 電氣安全教育訓練

電的危害特性在於其無法從設施外觀判定，當遭受電擊時已造成無法挽回之後果。發生電氣災害之主因在於人員對電的危害認知不足，或即使知道危害，但甘冒風險之僥倖心理，使電氣災害一再發生。不論是認知不足或錯誤的認知，均有賴加強安全教育訓練以導正不安全的行為，因此電氣安全教育訓練在電氣災害預防中格外重要，所有人員均應接受一般電氣安全教育訓練，電氣作業人員應接受進階電氣安全教育訓練。一般電氣安全教育訓練課程包括：電學基本概念、電氣危害認知、電氣安全保護裝置、電氣設備維護、保養及感電事故緊急處理等。進階電氣安全教育訓練課程需增加：電氣安全防護原理、停電作業安全管理、活線作業安全管理、電氣安全護具等。

一、安全教育的方法

安全教育目標須能「知行合一」，只有知不能行是無法改變不安全的行為，欲達到「知道、能做、真做」的目標，應掌握教育八原則與教法四階段。

(一) 教育八原則

1. 站在對方的立場，教不懂表示教不好。
2. 引起學習動機。
3. 由淺入深，循序漸進。
4. 一次一事，避免一次教很多項。
5. 反覆練習，增加記憶。
6. 具體強調重點，切忌含糊不清。
7. 活用感官，強化視聽教學效果。
8. 說明如此做的理由，和做與不做的差別。

(二) 教法四階段

1. 第一階段：導入，教學前的準備。
2. 第二階段：提示，說明作業的方法及示範。
3. 第三階段：試做，依所教的方法或示範，試做一次。
4. 第四階段：確認，教後評量是否已學會。

二、安全教育的實施

教育三要素即知識教育、技能教育及態度教育，安全教育須具備使知道（知識教育）、使會做（技能教育）、使願做（態度教育）三要素。知識教育著眼於

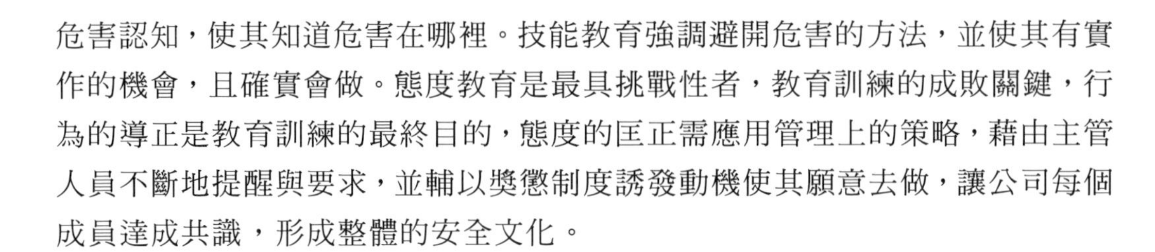

危害認知，使其知道危害在哪裡。技能教育強調避開危害的方法，並使其有實作的機會，且確實會做。態度教育是最具挑戰性者，教育訓練的成敗關鍵，行為的導正是教育訓練的最終目的，態度的匡正需應用管理上的策略，藉由主管人員不斷地提醒與要求，並輔以獎懲制度誘發動機使其願意去做，讓公司每個成員達成共識，形成整體的安全文化。

三、預知危險訓練

為防止災害發生，除依法令規定實施之教育訓練外，不斷的在職訓練是必需的。預知危險訓練是在工作場所中以團隊合作的方式，大家一起迅速地、正確地「先知先制」確保安全的訓練。其中包括以下三種訓練：

(一) 感受性訓練

為了做到先知先制確保安全的要求，除了培養小組團隊對於危險的警覺性之外，還要更進一步提高每個人對於危險的警覺性，讓每個成員皆能感受到危險的情境。

(二) 短時間集會訓練

在工作場所中的全體成員積極地互相商談與思考，以腦力激盪方式，去挖掘問題並具體明確地指出危險所在。

(三) 解決問題訓練

針對危險根源，在採取行動之前以小組全體的幹勁去解決問題，應用人的從眾性使全體能有一致的行動。

預知危險訓練在日本行之有年，且預防災害之成果卓著，可在短時間提升危險預知能力，其在職場生根、習慣，強化領班及作業人員的安全意識，可有效地預防電氣災害的發生。

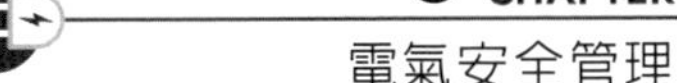

一、選擇題

( ) 1. 在電源開關啟斷狀態下實施的作業，稱為 (1)活線 (2)停電 (3)暗線 (4)明線 作業。

( ) 2. 在電路仍有電流流通之狀態實施的作業，稱為 (1)活線 (2)送電 (3)暗線 (4)明線 作業。

( ) 3. 為防止人員接觸高壓電路引起感電之危險，依《職業安全衛生設施規則》之規定，活線作業須在距離頭上、身側及腳下 (1)30 公分 (2)60 公分 (3)90 公分 (4)120 公分 以內之高壓電路，應在該電路設置絕緣用防護裝備或戴用絕緣用防護具。

( ) 4. 在導體與接地間加一定時間的高電壓，以判定絕緣是否合格之試驗，稱為 (1)導電 (2)耐壓 (3)阻抗 (4)容電 試驗。

( ) 5. 在 600 伏特以下的電氣設備前方，至少應有 (1)50 公分 (2)60 公分 (3)70 公分 (4)80 公分 以上之水平工作空間。

( ) 6. 為防止停電電路與其他電路的混觸、或因其他電路之感應、或其他電源之逆送電引起感電的危害，應使用 (1)短路接地 (2)斷路 (3)雙迴路 (4)降壓迴路。

( ) 7. 下列何者不適合以漏電斷路器來防止感電？ (1)使用對地電壓在 150 伏特以上移動式或攜帶式電動機具 (2)臨時用電設備 (3)良導體機器設備內之狹小空間，或於高度 2 公尺以上之鋼架上作業時所使用交流電焊機 (4)於濕潤場所、鋼板上或鋼筋上等導電性良好場所使用移動式或攜帶式電動機具。

( ) 8. (1)知識 (2)技能 (3)態度 (4)在職 教育是最具挑戰性者，是教育訓練的成敗關鍵。

二、問答題

1. 試述停電作業應採取的措施。
2. 為防止活線作業遭受電擊的危險，活線作業應遵守哪些規定？
3. 依《職業安全衛生管理辦法》之規定，高、低壓電氣設備應檢查對象與要項分別為何？
4. 試述作業場所電氣設備之作業上的檢點，包括哪些項目？
5. 試述實用的絕緣性能檢查方式有哪些？
6. 說明安全教育的八原則與教法四階段。

電氣安全相關法規

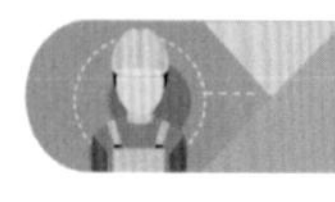

9-1 職業安全衛生設施規則

職業安全衛生法規有關電氣安全方面，在《職業安全衛生設施規則》第 10 章有詳細之規定，相關條文如下：

一、電氣設備及線路

- 第 239 條規定電氣設備裝置、線路，依電業法規及相關法規之規定施工。
  條文內容：
  雇主使用電氣器材及電線等，應符合國家標準規格。
- 第 240 條規定高壓或特高壓用開關、避雷器應與可燃物質保持相當距離。
  條文內容：
  雇主對於高壓或特高壓用開關、避雷器或類似器具等在動作時，會發生電弧之電氣器具，應與木製之壁、天花板等可燃物質保持相當距離。但使用防火材料隔離者，不在此限。
- 第 241 條規定電氣機具之帶電部分應設防止感電之護圍或絕緣被覆。
  條文內容：
  雇主對於電氣機具之帶電部分（電熱器之發熱體部分，電焊機之電極部分等，依其使用目的必須露出之帶電部分除外），如勞工於作業中或通行時，有因接觸（含經由導電體而接觸者，以下同）或接近致發生感電之虞者，應設防止感電之護圍或絕緣被覆。
  但電氣機具設於配電室、控制室、變電室等被區隔之場所，且禁止電氣作業有關人員以外之人員進入者；或設置於電桿、鐵塔等已隔離之場所，且電氣作業有關人員以外之人員無接近之虞之場所者，不在此限。
- 第 242 條規定為防止觸及燈座帶電部分而引起感電或燈泡破損應設置護罩。
  條文內容：

雇主對於連接於移動電線之攜帶型電燈，或連接於臨時配線、移動電線之架空懸垂電燈等，為防止觸及燈座帶電部分而引起感電或燈泡破損而引起之危險，應設置合乎下列規定之護罩：

1. 燈座露出帶電部分，應為手指不易接觸之構造。
2. 應使用不易變形或破損之材料。

- 第 243 條規定 150 伏特以上移動式或攜帶式電動機具設置漏電斷路器，或使外殼非帶電部分予以接地。

  條文內容：

  雇主為避免漏電而發生感電危害，應依下列狀況，於各該電動機具設備之連接電路上設置適合其規格，具有高敏感度、高速型，能確實動作之防止感電用漏電斷路器：

  1. 使用對地電壓在 150 伏特以上移動式或攜帶式電動機具。
  2. 於含水或被其他導電度高之液體濕潤之潮濕場所、金屬板上或鋼架上等導電性良好場所使用移動式或攜帶式電動機具。
  3. 於建築或工程作業使用之臨時用電設備。

- 第 244 條接地之例外之規定

  條文內容：

  電動機具合於下列之一者，不適用前條之規定：

  1. 連接於非接地方式電路（該電動機具電源側電路所設置之絕緣變壓器之二次側電壓在 300 伏特以下，且該絕緣變壓器之負荷側電路不可接地者）中使用之電動機具。
  2. 在絕緣台上使用之電動機具。
  3. 雙重絕緣構造之電動機具。

- 第 245 條規定電焊作業使用之焊接柄應有相當之絕緣性。

  條文內容：

  雇主對電焊作業使用之焊接柄，應有相當之絕緣耐力及耐熱性。

- 第 246 條規定應有防止配線或電線絕緣被破壞或老化等致引起感電危害之設施。

  條文內容：

  雇主對勞工於作業中或通行時，有接觸絕緣被覆配線或移動電線或電氣機具、設備之虞者，應有防止絕緣被破壞或老化等致引起感電危害之設施。

- 第 247 條規定特高壓電路其連接狀態應以模擬線或其他方法表示。

  條文內容：

  雇主對於發電室、變電室、受電室及其類似場所之特高壓電路，其連接狀態應以模擬線或其他方法表示。但連接於特高壓電路之回路數係二回線以下，或特高壓之匯流排係單排時，不在此限。

- 第 248 條規定啟斷裝置明顯標示其啟斷操作及用途。

  條文內容：

  雇主對於啟斷馬達或其他電氣機具之裝置,應明顯標示其啟斷操作及用途。但如其配置方式或配置位置，已足顯示其操作及用途者，不在此限。

- 第 249 條規定良導體機器設備內之檢修工作使用電壓不得超過 24 伏特。

  條文內容：

  雇主對於良導體機器設備內之檢修工作所用之手提式照明燈，其使用電壓不得超過 24 伏特，且導線須為耐磨損及有良好絕緣，並不得有接頭。

- 第 250 條規定於良導體機器設備內使用之交流電焊機應有自動電擊防止裝置。

  條文內容：

  雇主對勞工於良導體機器設備內之狹小空間，或於鋼架等致有觸及高導電性接地物之虞之場所，作業時所使用之交流電焊機，應有自動電擊防止裝置。但採自動式焊接者，不在此限。

- 第 251 條規定易產生非導電性及非燃燒性塵埃之工作場所使用防塵型器具。
  條文內容：
  雇主對於易產生非導電性及非燃燒性塵埃之工作場所，其電氣機械器具，應裝於具有防塵效果之箱內，或使用防塵型器具，以免塵垢堆積影響正常散熱，造成用電設備之燒損。
- 第 252 條規定發生靜電之部分施行接地或裝設除電裝置。
  條文內容：
  雇主對於有發生靜電致傷害勞工之虞之工作機械及其附屬物件，應就其發生靜電之部分施行接地，使用除電劑、或裝設無引火源之除電裝置等適當設備。
- 第 253 條規定不得於通路上使用臨時配線或移動電線
  條文內容：
  雇主不得於通路上使用臨時配線或移動電線。但經妥為防護而車輛或其他物體通過該配線或移動電線時不致損傷其絕緣被覆者，不在此限。

二、停電作業

- 第 254 條規定電路開路之作業（即停電作業）應採取之設施。
  條文內容：
  雇主對於電路開路後從事該電路、該電路支持物、或接近該電路工作物之敷設、建造、檢查、修理、油漆等作業時，應於確認電路開路後，就該電路採取下列設施：
  1. 開路之開關於作業中，應上鎖或標示「禁止送電」、「停電作業中」或設置監視人員監視之。
  2. 開路後之電路如含有電力電纜、電力電容器等致電路有殘留電荷引起危害之虞者，應以安全方法確實放電。
  3. 開路後之電路藉放電消除殘留電荷後，應以檢電器具檢查，確認其已停電，且為防止該停電電路與其他電路之混觸、或因其他電路之感應、或

其他電源之逆送電引起感電之危害，應使用短路接地器具確實短路，並加接地。

4. 前款停電作業範圍如為發電或變電設備或開關場之一部分時，應將該停電作業範圍以藍帶或網加圍，並懸掛「停電作業區」標誌；有電部分則以紅帶或網加圍，並懸掛「有電危險區」標誌，以資警示。前項作業終了送電時，應事先確認從事作業等之勞工無感電之虞，並於拆除短路接地器具與紅藍帶或網及標誌後為之。

- 第 255 條規定空斷開關及分段開關為防止操作錯誤應設置無負載之指示燈。
  條文內容：
  雇主對於高壓或特高壓電路，非用於啟斷負載電流之空斷開關及分段開關（隔離開關），為防止操作錯誤，應設置足以顯示該電路為無負載之指示燈或指示器等，使操作勞工易於識別該電路確無負載。
  但已設置僅於無負載時方可啟斷之連鎖裝置者，不在此限。

三、活線作業及活線接近作業

- 第 256 條規定活線作業戴用絕緣用防護具。
  條文內容：
  雇主使勞工於低壓電路從事檢查、修理等活線作業時，應使該作業勞工戴用絕緣用防護具，或使用活線作業用器具或其他類似之器具。
- 第 257 條規定接近低壓電路作業應裝置絕緣用防護裝備。
  條文內容：
  雇主使勞工於接近低壓電路或其支持物從事敷設、檢查、修理、油漆等作業時，應於該電路裝置絕緣用防護裝備，但勞工戴用絕緣用防護具從事作業而無感電之虞者，不在此限。

- 第 258 條規定高壓電路之活線作業應有之設施。

  條文內容：

  雇主使勞工從事高壓電路之檢查、修理等活線作業時，應有下列設施之一：

  1. 使作業勞工戴用絕緣用防護具，並於有接觸或接近該電路部分設置絕緣用防護裝備。
  2. 使作業勞工使用活線作業用器具。
  3. 使作業勞工使用活線作業用絕緣工作台及其他裝備，並不得使勞工之身體或其使用中之工具、材料等導電體接觸或接近有使勞工感電之虞之電路或帶電體。

- 第 259 條規定接近高壓電路作業在距離勞工 60 公分以內設置絕緣用防護裝備。

  條文內容：

  雇主使勞工於接近高壓電路或高壓電路支持物從事敷設、檢查、修理、油漆等作業時，為防止勞工接觸高壓電路引起感電之危險，在距離頭上、身側及腳下 60 公分以內之高壓電路，應在該電路設置絕緣用防護裝備。但已使該作業勞工戴用絕緣用防護具而無感電之虞者，不在此限。

- 第 260 條規定於特高壓之充電電路或其支持礙子從事作業應有之設施。

  條文內容：

  雇主使勞工於特高壓之充電電路或其支持礙子從事檢查、修理、清掃等作業時，應有下列設施之一：

  1. 使勞工使用活線作業用器具，並對勞工身體或其使用中之金屬工具、材料等導電體，應保持下表所定接近界限距離。
  2. 使作業勞工使用活線作業用裝置，並不得使勞工之身體或其使用中之金屬工具、材料等導電體接觸或接近於有使勞工感電之虞之電路或帶電體。

充電電路之使用電壓（仟伏特）	接近界限距離（公分）
22 以下	20
超過 22，33 以下	30
超過 33，66 以下	50
超過 66，77 以下	60
超過 77，110 以下	90
超過 110，154 以下	120
超過 154，187 以下	140
超過 187，220 以下	160
超過 220，345 以下	200
超過 345	300

- 第 261 條規定接近特高壓電路或特高壓電路支持物從事作業應有之設施。

  條文內容：

  雇主使勞工於接近特高壓電路或特高壓電路支持物從事檢查、修理、油漆、清掃等電氣工程作業時，應有下列設施之一。但接近特高壓電路之支持礙子，不在此限：

  1. 使勞工使用活線作業用裝置。
  2. 對勞工身體或其使用中之金屬工具、材料等導電體，保持前條第一款規定之接近界限距離以上，並將接近界限距離標示於易見之場所或設置監視人員從事監視作業。

- 第 262 條規定從事裝設、拆除或接近電路之絕緣用防護裝備應戴用絕緣用防護具。

  條文內容：

  雇主於勞工從事裝設、拆除或接近電路等之絕緣用防護裝備時，應使勞工戴用絕緣用防護具、或使用活線用器具、或其他類似器具。

- 第 263 條規定於架空電線或電氣機具電路之接近場所作業，裝置絕緣用防護裝備或移開該電路。

  條文內容：

  雇主對勞工於架空電線或電氣機具電路之接近場所從事工作物之裝設、解體、檢查、修理、油漆等作業及其附屬性作業或使用車輛系營建機械、移動式起重機、高空工作車及其他有關作業時，該作業使用之機械、車輛或勞工於作業中或通行之際，有因接觸或接近該電路引起感電之虞者，雇主除應使勞工與帶電體保持規定之接近界限距離外，並應設置護圍、或於該電路四周裝置絕緣用防護裝備等設備或採取移開該電路之措施。但採取前述設施顯有困難者，應置監視人員監視之。

四、管　理

- 第 264 條規定裝有電力設備之工廠裝有電力設備之工廠置專任電氣技術人員。

  條文內容：

  雇主對於裝有電力設備之工廠、供公眾使用之建築物及受電電壓屬高壓以上之用電場所，應依下列規定置專任電氣技術人員，或另委託用電設備檢驗維護業，負責維護與電業供電設備分界點以內一般及緊急電力設備之用電安全：

  1. 低壓：600 伏特以下供電，且契約容量達 50 瓩以上之工廠或供公眾使用之建築物，應置初級電氣技術人員。
  2. 高壓：超過 600 伏特至 22800 伏特供電之用電場所，應置中級電氣技術人員。
  3. 特高壓：超過 22800 伏特供電之用電場所，應置高級電氣技術人員。

  前項專任電氣技術人員之資格，依用電場所及專任電氣技術人員管理規則規定辦理。

- 第 265 條規定停電作業、活線作業及活線接近作業應告知作業勞工相關之事項。
  條文內容：
  雇主對於高壓以上之停電作業、活線作業及活線接近作業，應將作業期間、作業內容、作業之電路及接近於此電路之其他電路系統，告知作業之勞工，並應指定監督人員負責指揮。
- 第 266 條規定發電室、變電室或受電室等場所應有適當之照明設備。
  條文內容：
  雇主對於發電室、變電室或受電室等場所應有適當之照明設備，以便於監視及確保操作之正確安全。
- 第 267 條規定裝有特高壓用器具及電線之配電盤前應設置供操作者用之絕緣台。
  條文內容：
  雇主對裝有特高壓用器具及電線之配電盤前面，應設置供操作者用之絕緣台。
- 第 268 條規定於 600 伏特以下之電氣設備前方應有 80 公分以上之水平工作空間。
  條文內容：
  雇主對於 600 伏特以下之電氣設備前方，至少應有 80 公分以上之水平工作空間。但於低壓帶電體前方，可能有檢修、調整、維護之活線作業時，不得低於下表規定：

最小工作空間（公分）	工作環境對地電壓（伏特）		
	甲	乙	丙
0～150	90	90	90
151～600	90	105	120

• 第 269 條規定於 600 伏特以上之電氣設備前方應有之最小工作空間。
條文內容：
雇主對於 600 伏特以上之電氣設備，如配電盤、控制盤、開關、斷路器、電動機操作器、電驛及其他類似設備之前方工作空間，不得低於下表規定：

最小工作空間（公分）	工作環境對地電壓（伏特）		
	甲	乙	丙
601～2500	90	120	150
2501～9000	120	150	180
9001～25000	150	180	270
25001～75000	180	240	300
75001 以上	240	300	360

• 第 270 條規定有關前指之「工作環境」類型及意義。
條文內容：
前兩條表中所指之「工作環境」，其類型及意義如下：

1. 工作環境甲：水平工作空間一邊有露出帶電部分，另一邊無露出帶電部分或亦無露出接地部分者，或兩邊為以合適之木材或絕緣材料隔離之露出帶電部分者。
2. 工作環境乙：水平工作空間一邊為露出帶電部分，另一邊為接地部分者。
3. 工作環境丙：操作人員所在之水平工作空間，其兩邊皆為露出帶電部分且無隔離之防護者。前兩條電氣設備為露出者，其工作空間之水平距離，應自帶電部分算起；如屬封閉型設備，應自封閉體前端或開口算起。

• 第 271 條規定配電盤後面如裝設有高壓器具或電線時應設適當之通路。
條文內容：
雇主對於配電盤後面如裝設有高壓器具或電線時，應設適當之通路。

- 第 272 條規定絕緣用防護裝備等，應每 6 個月檢驗其性能，每次使用前自行檢點。

  條文內容：

  雇主對於絕緣用防護裝備、防護具、活線作業用工具等，應每 6 個月檢驗其性能一次，工作人員應於每次使用前自行檢點，不合格者應予更換。

- 第 273 條規定開關操作棒，須保持清潔、乾燥及高度絕緣。

  條文內容：

  雇主對於開關操作棒，須保持清潔、乾燥及符合國家標準 CNS 6654 同等以上規定之高度絕緣。

- 第 274 條規定電氣技術人員依電氣有關法規規定辦理及遵守相關事項。

  條文內容：

  雇主對於電氣技術人員或其他電氣負責人員，除應責成其依電氣有關法規規定辦理，並應責成其工作遵守下列事項：

  1. 隨時檢修電氣設備，遇有電氣火災或重大電氣故障時，應切斷電源，並即聯絡當地供電機構處理。
  2. 電線間、直線、分歧接頭及電線與器具間接頭，應確實接牢。
  3. 拆除或接裝保險絲以前，應先切斷電源。
  4. 以操作棒操作高壓開關，應使用橡皮手套。
  5. 熟悉發電室、變電室、受電室等其工作範圍內之各項電氣設備操作方法及操作順序。

- 第 275 條規定對電氣設備平時應注意之事項。

  條文內容：

  雇主對於電氣設備，平時應注意下列事項：

  1. 發電室、變電室、或受電室內之電路附近，不得堆放任何與電路無關之物件或放置床、舖、衣架等。
  2. 與電路無關之任何物件，不得懸掛或放置於電線或電氣器具。
  3. 不得使用未知或不明規格之工業用電氣器具。

4. 電動機械之操作開關，不得設置於工作人員須跨越操作之位置。
5. 防止工作人員感電之圍柵、屏障等設備，如發現有損壞，應即修補。

- 第 276 條規定防止電氣災害所有工作人員應辦理之事項。

 條文內容：

 雇主為防止電氣災害，應依下列規定辦理：

1. 對於工廠、供公眾使用之建築物及受電電壓屬高壓以上之用電場所，電力設備之裝設及維護保養，非合格之電氣技術人員不得擔任。
2. 為調整電動機械而停電，其開關切斷後，須立即上鎖或掛牌標示並簽章。復電時，應由原掛簽人取下鎖或掛牌後，始可復電，以確保安全。但原掛簽人因故無法執行職務者，雇主應指派適當職務代理人，處理復電、安全控管及聯繫等相關事宜。
3. 發電室、變電室或受電室，非工作人員不得任意進入。
4. 不得以肩負方式攜帶竹梯、鐵管或塑膠管等過長物體，接近或通過電氣設備。
5. 開關之開閉動作應確實，有鎖扣設備者，應於操作後加鎖。
6. 拔卸電氣插頭時，應確實自插頭處拉出。
7. 切斷開關應迅速確實。
8. 不得以濕手或濕操作棒操作開關。
9. 非職權範圍，不得擅自操作各項設備。
10. 遇電氣設備或電路著火者，應用不導電之滅火設備。
11. 對於廣告、招牌或其他工作物拆掛作業，應事先確認從事作業無感電之虞，始得施作。
12. 對於電氣設備及線路之敷設、建造、掃除、檢查、修理或調整等有導致感電之虞者，應停止送電，並為防止他人誤送電，應採上鎖或設置標示等措施。但採用活線作業及活線接近作業，符合第 256 條至第 263 條規定者，不在此限。

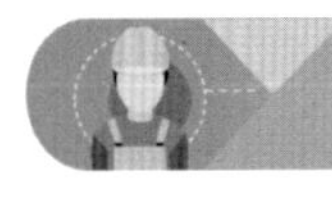

9-2 用戶用電設備裝置規則

為能安全及有效地使用各種電氣設施，電的事業主管機關經濟部，對於大眾用電戶訂有詳盡之規定，其中用戶用電設備裝置規則對整體配電設備規範的更為詳盡。其與職業安全衛生法防止感電災害之關係較密切者說明如下：

一、有關接地之規定

- 第 24 條

  條文內容：

  接地方式應符合下列規定之一：

  1. 設備接地：高低壓用電設備非帶電金屬部分之接地。
  2. 內線系統接地：屋內線路屬於被接地一線之再行接地。
  3. 低壓電源系統接地：配電變壓器之二次側低壓線或中性線之接地。
  4. 設備與系統共同接地：內線系統接地與設備接地共用一接地線或同一接地電極。

- 第 25 條

  條文內容：

  接地之種類及其接地電阻如下表：

種　類	接地電阻值	適用場所
特種接地	10Ω以下	三相四線多重接地系統之低壓電源系統接地
第一種接地	25Ω以下	非接地系統之高壓用電設備接地
第二種接地	50Ω以下	三相三線非接地系統之低壓電源系統接地
第三種接地	對地電壓： 150 V 以下～100Ω以下 151～300 V～50Ω以下 301 V 以上～10Ω以下	1.低壓用電設備接地或內線系統接地 2.變壓器、比壓器的二次側系統接地 3.持低壓用電設備之金屬體設備接地
註：裝用漏電斷路器，其接地電阻值可按表 62-2 辦理。		

- 第 26 條

條文內容：

接地導線之大小應符合下列規定之一辦理：

1. 特種接地
   (1) 變壓器容量 500 千伏安以下應使用 22 平方公厘以上絕緣線。
   (2) 變壓器容量超過 500 千伏安應使用 38 平方公厘以上絕緣。
2. 第一種接地應使用 5.5 平方公厘以上絕緣線。
3. 第二種接地：
   (1) 變壓器容量超過 20 千伏安應使用 22 平方公厘以上絕緣線。
   (2) 變壓器容量 20 千伏安以下應使用 8 平方公厘以上絕緣線。
4. 第三種接地：
   (1) 變比器二次線接地應使用 5.5 平方公厘以上絕緣線。
   (2) 內線系統單獨接地或與設備共同接地之接地引接線。按表 26-1 規定。
   (3) 用電設備單獨接地之接地線或用電設備與內線系統共同接地之連接線按附表 26-2 規定。

註：附表 26-1、26-2 請參閱第 193 頁

- 第 27 條

條文內容：

接地系統應符合下列規定施工：

1. 內線系統接地之位置應在接戶開關電源側之適當場所。
2. 以多線式供電之用戶，其中性線應施行內線系統接地。
3. 用戶自備電源變壓器，其二次側對地電壓超過 150 伏，採用「設備與系統共同接地」。
4. 設備與系統共同接地，其接地線之一端應妥接於接地極，另一端引至接戶開關箱內，再由該處引出設備接地連接線，施行內線系統或設備之接地。

5. 三相四線多重接地供電地區，用戶低壓用電設備與內線系統共同接地時，其自備變壓器之低壓電源系統接地，不得與一次電源之中性線共同接地。
6. 接地線以使用銅線為原則，可使用裸線、被覆線或絕緣線。個別被覆或絕緣之接地線，其外觀應為綠色或綠色加一條以上之黃色條紋者。
7. 14 平方公厘以上絕緣被覆線或僅由電氣技術人員維護管理處所使用之多芯電纜之芯線，在施工時於每一出線頭或可接近之處以下列方法之一做永久識別時，可做為接地線，接地導線不得作為其他配線。
   (1) 在露出部分之絕緣或被覆上加上條紋標誌。
   (2) 在露出部分之絕緣或被覆上著上綠色。
   (3) 在露出部分之絕緣或被覆上以綠色之膠帶或自黏性標籤作記號。
8. 被接地導線之絕緣皮應使用白色或灰色，以資識別。
9. 低壓電源系統應按下列原則接地：
   (1) 電源系統經接地後，其對地電壓不超過 150 伏，該電源系統除第九款另有規定外，必須加以接地。
   (2) 電源系統經接地後，其對地電壓不超過 300 伏者，除另有規定外應加以接地。
   (3) 電源系統經接地後，其對地電壓超過 300 伏者，不得接地。
   (4) 電源系統供應電力用電，其電壓在 150 伏以上，600 伏以下而不加接地者，應加裝接地檢示器。
10. 低壓電源系統無需接地者如下：
   (1) 電氣爐之電路。
   (2) 易燃性塵埃處所運轉之電氣起重機。
11. 低壓用電設備應加接地者如下：
   (1) 低壓電動機之外殼。
   (2) 金屬導線管及其連接之金屬箱。

(3)非金屬管連接之金屬配件如配線對地電壓超過 150 伏或配置於金屬建築物上或人可觸及之潮濕處所者。

(4)電纜之金屬外皮。

(5)X 線發生裝置及其鄰近金屬體。

(6)對地電壓超過 150 伏之其他固定設備。

(7)對地電壓在 150 伏以下之潮濕危險處所之其他固定設備。

(8)對地電壓超過 150 伏移動性電具。但其外殼具有絕緣保護不為人所觸及者不在此限。

(9)對地電壓 150 伏以下移動性電具使用於潮濕處所或金屬地板上或金屬箱內者，其非帶電露出金屬部分需接地。

- 第 28 條

條文內容：

用電設備應符合下列規定之一接地：

1. 金屬盒、金屬箱或其他固定設備之非帶電金屬部分，按下列之一施行接地：

(1)妥接於被接地金屬導線管上。

(2)在導線管內或電纜內多置一條地線與電路導線共同配裝，以供接地。該地線絕緣皮，應使用綠色，但得不絕緣。

(3)個別裝設地線，以供接地。

(4)固定設備牢固裝置於接地之建築物金屬構架上，且金屬構架之接地電阻符合要求，並且保持良好之接觸者。

2. 移動設備之接地應按下列方法接地：

(1)採用接地型插座(Grounding Receptacles)，且該插座之固定接地接觸極應予妥接地。

(2)移動電具之引接線中多置一地線，其一端接於接地插頭之接地極，另一端接於電具之非帶電金屬部分。

(3) 220 伏額定冷氣機、電灶、乾衣機，其電源如由單相三線 110／220 伏之專用分路供應，電路之中性線（被接地之一線）得作為地線，以供接地。

- 第 29 條

條文內容：

接地系統應符合下列規定之一辦理：

1. 接地極應為埋設管、棒或板等之人工接地極，接地引接線連接點應加焊接或以特製之接地夾子妥接。
2. 接地引接線應藉焊接或其他方法使其與人工接地極妥接，在該接地線上不得加裝開關及保護設備。
3. 銅板作接地極，其厚度應在 0.7 公厘以上，具與土地接觸之總面積不得小於 900 平方公分，並應埋入地下 1.5 公尺以上。
4. 鐵管或鋼管作接地極，其內徑應在 19 公厘以上；接地銅棒作接地極，其直徑不得小於 15 公厘，且長度不得短於 0.9 公尺，並應垂直釘沒於地面下 1 公尺以上，如為岩石所阻，則可橫向埋設於地面下 1.5 公尺以上深度。
5. 如以一管或一板作為接地極，其接地電阻未能達到規定標準時，應採用兩管或兩板以上，又為求有效降低接地電阻，管或板間之距離不得小於 1.8 公尺，且管或板間應妥為連接使成不斷之導體，其連接線線徑應大於接地線。
6. 接地管、棒及鐵板之表面以鍍鋅或包銅者為安，不得塗漆或其他絕緣物質。
7. 特種及第二種系統接地，設施於人易觸及之場所時，自地面下 0.6 公尺起至地面上 1.8 公尺，均應以絕緣管或板掩蔽。
8. 特種及第二種接地如沿金屬物體（鐵塔或鐵柱等）設施時，除應依第七款之規定加以掩蔽外，地線應與金屬物體絕緣，同時接地板應埋設於距離金屬物體 1 公尺以上。
9. 第一種及第三種接地如設於易受機械外傷之處，應做適當保護。

- 第 62 條

條文內容：

漏電斷路器之選擇應符合左列規定：

1. 裝置於低壓電路之漏電斷路器，應採用電流動作型，且須符合左列規定：

(1) 漏電斷路器應屬下表所示之任一種。

類　別		額定感度電流（毫安）	動作時間
高感度型	高速型	3、15、30	額定感度電流 0.1 秒以內
	延時型		額定感度電流 0.1 秒以上，2 秒以內
中感度型	高速型	50、100、200、300、500、1000	額定感度電流 0.1 秒以內
	延時型		額定感度電流 0.1 秒以上，2 秒以內
備註：漏電斷路器之最小動作電流，係額定感度電流 50%以上之電流值。			

(2) 漏電斷路器之額定電流容量，應不小於該電路之負載電流。

(3) 漏電警報器之聲音警報裝置，以電鈴或蜂鳴式為原則。

2. 漏電斷路器之額定感度電流及動作時間之選擇，應按左列規定辦理：

(1) 以防止感電事故為目的裝置漏電斷路器者，應採用高感度高速型。惟用電設備另施行外殼接地，其設備接地電阻值如未超過下表接地電阻值，且動作時間在 0.1 秒以內（高速型），得採用中感度型之漏電斷路器。

漏電斷路器額定感度動作電流（毫安）	接地電阻(Ω)	
	潮濕處所	其他處所
30	500	500
50	500	500
75	333	500
100	250	500
150	166	333

漏電斷路器額定感度動作電流（毫安）	接地電阻(Ω)	
	潮濕處所	其他處所
200	125	250
300	83	166
500	50	100
1000	25	50

(2)防止感電事故以外目的裝置漏電斷路器者（如防止火災及防止電弧損傷設備等），得依其保護目的選用適當之漏電斷路器。

二、劃定電氣危險場所禁止無關人員之進入

1. 如用戶用電設備裝置規則第 66 條之規定：有任何帶電部分露出之配電盤及配電箱應裝於乾燥之處所，並應有適當之限制設備，用以限制非電氣工作人員接近。
2. 同規則第 404 條：高壓電氣設備如有活電部分露出者，應裝於加鎖之開關箱內為原則，其屬於開放式裝置者，應裝於變電室內，或藉高度 2.5 公尺以上之圍牆（或籬笆）加以隔離，或藉裝置位置之高度以防止非電氣工作人員接近。

- 第 66 條

  條文內容：

  裝置場所應符合下列規定：

  1. 有任何帶電部分露出之配電盤及配電箱應裝於乾燥之處所，並應有限制非電氣工作人員接近之設備。
  2. 配電箱如裝於潮濕場所或在戶外，應屬防水型者。
  3. 配電盤及配電箱之裝置位置不得接近易燃物。
  4. 配電盤及配電箱因操作及維護需接近之部分應留有適當工作空間。

5. 導線管槽進入配電盤、落地型配電箱或類似之箱體，箱內應有足夠之空間供導線配置。

- 第 404 條

條文內容：

高壓電氣設備如有活電部分露出者，應裝於加鎖之開關箱內為原則，其屬開放式裝置者，應裝於變電室內，或藉高度達 2.5 公尺以上之圍牆（或籬笆）加以隔離，或藉裝置位置之高度以防止非電氣工作人員之接近。該項裝置在屋外者，應依輸配電設備裝置規則之規定辦理，其裝於變電室或受電場（指僅有電氣工作人員接近者）應符合第 403 條之規定。

三、對帶電體予以適當掩護，避免感電之危險

1. 用戶用電設備裝置規則第 11 條：屋內用電器應不露出其帶電部分。
2. 同規則第 364 條及 376 條：變壓器一次側端子及電鈕中之帶電部分應附加適當防護設備與掩護，使不易為人觸及。
3. 同規則第 408 條第 5 款：露出之礙子配線在非電氣工作人員易於接近之處所應加掩護。

- 第 11 條

條文內容：

屋內線應用絕緣導線，但有下列情形之一者，得用裸銅線：

1. 電氣爐所用之導線。
2. 乾燥室所用之導線。
3. 電動起重機所用之滑接導線或類似性質者。

- 第 364 條

條文內容：

變壓器之一次側端子應附加適當防護設備，使不易為人觸及。

- 第 376 條

  條文內容：

  電鈕中之帶電部分應加適當掩護，俾不易為人觸及。

  以上即是對危險之帶電部分皆要加以防護以策安全。

四、防患因外來因素導致絕緣破壞而採取之改善措施

用戶用電設備裝置規則第 408 條第 2 款：進屋線如其裝配位置為一般人易於接近者，應按厚導線管、電纜拖架、電纜管槽或金屬外皮電纜配裝。

五、從設備構造或裝置位置設定防止感電之災害

- 用戶用電設備裝置規則第 178 條、第 432 條：規定電容器，應裝至於適當場所，且妥加掩蔽以避免人或導電物體碰觸其帶電部分。

- 第 178 條

  條文內容：

  低壓電容器應按本節規定裝設。但附裝於機器設備而符合各該機器設備之規定者不在此限。

- 第 432 條

  條文內容：

  高壓電容器之封閉及掩護按第 179 條規定辦理。

- 第 179 條

  條文內容：

  低壓電容器之封閉及掩護應符合下列規定：

  1. 含有 10 公升以上可燃性液體之電容器應封閉於變電室內或隔離屋外處。
  2. 電容器應裝置於適當場所，且妥加掩蔽以避免人或導電物體碰觸其帶電部分。

六、使用電氣機械器具場所之相關規定

電氣機械器具使用場所特殊時，應加強其構造上之安全，並加裝安全裝置。對於特殊場所、有危險性氣體或蒸氣場所，如何界定，其電氣設備如何加強，其構造上之安全等，在用戶用電設備裝置規則第 294 條至第 299 條有詳盡規定。如防火防爆危險場所分類，及電氣防爆構造之種類等。

- 第 294 條

  條文內容：

  特殊場所分為下列八種：

  1. 存在易燃性氣體、易燃性或可燃性液體揮發氣（以下簡稱爆炸性氣體）之危險場所，包括第一類或以 0 區、1 區、2 區分類之場所。
  2. 存在可燃性粉塵之危險場所，包括第二類或以 20 區、21 區、22 區分類之場所。
  3. 存在可燃性纖維或飛絮之危險場所，包括第三類或以 20 區、21 區、22 區分類之場所。
  4. 有危險物質存在場所。
  5. 火藥庫等危險場所。
  6. 散發腐蝕性物質場所。
  7. 潮濕場所。
  8. 公共場所。

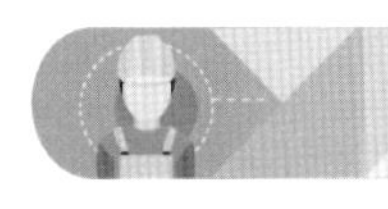

9-3 其他電氣安全法規

機關經濟部及省市主管機關之建設局規範管理用電事業單位、用電安全管理及檢查工作人員技術條件之規章，規定用電達到一定容量或電壓以上時，須設置適當的電氣技術人員或另委託用電設備檢驗維護業，負責維護與台電公司供電設備分界點以內電氣設備之用電安全。

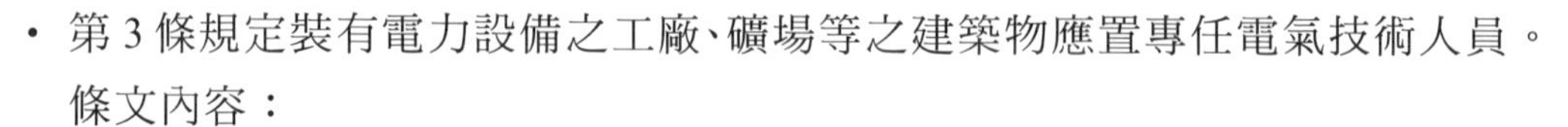

- 第 3 條規定裝有電力設備之工廠、礦場等之建築物應置專任電氣技術人員。

  條文內容：

  本規則所稱用電場所，指低壓（600 伏特以下）受電且契約容量達 50 瓩以上，裝有電力設備之工廠、礦場或供公眾使用之建築物，及高壓（超過 600 伏特至 22,800 伏特）與特高壓（超過 22,800 伏特）受電，裝有電力設備之場所。

  前項所稱供公眾使用之建築物如下：

  1. 劇院、電影院、演藝場、歌廳、舞廳、夜總會、俱樂部、指壓按摩場所、錄影節目帶播映場所、視聽歌唱場所、酒家、酒店。
  2. 保齡球館、遊藝場、室內兒童樂園、室內溜冰場、室內游泳池、體育館、健身休閒中心、電子遊戲場、資訊休閒場所、公共浴室、育樂中心。
  3. 旅館、有寢室客房之招待所。
  4. 市場、超級市場、百貨商場、零售商店。
  5. 餐廳、咖啡廳、茶室、速食店。
  6. 博物館、美術館、資料館、陳列館、展覽場、水族館、圖書館。
  7. 寺廟、廟宇、教會、集會堂、殯儀館。
  8. 醫院、診所、療養院、孤兒院、養老院、產後護理機構、感化院。
  9. 銀行、合作社、郵局、電信公司營業所、自來水營業所、瓦斯公司營業所、行政機關、證券交易場所。
  10. 幼兒園（含社區或部落互助教保服務中心）、學校、補習班、訓練班。
  11. 車站、航空站、加油站、修車場。
  12. 其他經中央主管機關核定者。

- 第 4 條

  用電場所應依下列規定置專任電氣技術人員：

  1. 特高壓受電之用電場所，應置高級電氣技術人員。
  2. 高壓受電之用電場所，應置中級電氣技術人員。

3. 低壓受電且契約容量達 50 瓩以上之工廠、礦場或公眾使用之建築物，應置初級電氣技術人員。

前項不同分界點應分別置專任電氣技術人員。但屬同一建築基地、同一用電場所名稱及同一負責人之分界點，不在此限。

第一項所置專任電氣技術人員，得委託用電設備檢驗維護業（以下簡稱檢驗維護業）擔任。

- 第 5 條

合於下列規定之一者，得任各級電氣技術人員：

1. 高級電氣技術人員：
   (1) 高等考試或相當於高等考試之特種考試電機工程職組及格。
   (2) 具有電機技師資格。
   (3) 室內配線、工業配線、配電線路裝修或用電設備檢驗職類甲級技術士技能檢定合格。
2. 中級電氣技術人員：
   (1) 普通考試或相當於普通考試之特種考試電機工程職組及格。
   (2) 甲種電匠考驗合格。
   (3) 室內配線、工業配線、配電線路裝修或用電設備檢驗職類乙級技術士技能檢定合格。
   (4) 具有前款規定資格。
3. 初級電氣技術人員：
   (1) 乙種電匠考驗合格。
   (2) 室內配線、工業配線、配電線路裝修或用電設備檢驗職類丙級技術士技能檢定合格。
   (3) 具有第一款或第二款規定資格。

未具前項資格，但於本規則中華民國 99 年 12 月 24 日修正之條文施行前已向地方主管機關登記擔任電氣技術人員之現職人員，或曾登記期間超過半年之人員，仍具擔任其原登記級別之電氣技術人員資格。

一、選擇題

( ) 1.《職業安全衛生設施規則》所稱之安全電壓，係指 (1)12 伏特 (2)24 伏特 (3)36 伏特 (4)48 伏特。

( ) 2.《職業安全衛生設施規則》所稱之高壓電，係指 (1)600 以上未滿 22800 伏特 (2)750 以上未滿 34500 伏特 (3)750 以上未滿 22800 伏特 (4)750 以上未滿 34500 伏特。

( ) 3. 600 伏特以下供電，且契約容量達 50 瓩以上之工廠或供公眾使用之建築物，應置 (1)初級 (2)中級 (3)高級 (4)特級 技術員。

( ) 4. 在 600 至 22800 伏特之用電場所，應置 (1)初級 (2)中級 (3)高級 (4)特級 技術員。

( ) 5. 水平工作空間一邊為露出帶電部分，另一邊為接地部分者，稱為工作環境 (1)甲 (2)乙 (3)丙 (4)丁。

( ) 6. 水平工作空間一邊有露出帶電部分，另一邊無露出帶電部分或亦無露出接地部分者，或兩邊為以合適之木材或絕緣材料隔離之露出帶電部分者，稱為工作環境 (1)甲 (2)乙 (3)丙 (4)丁。

( ) 7. 使用對地電壓在 (1)100 伏特 (2)150 伏特 (3)200 伏特 (4)250 伏特 以上移動式或攜帶式電動機具，應裝置漏電斷路器。

( ) 8. 對勞工於良導體機器設備內之狹小空間或鋼架上等導電性良好場所，作業時所使用的交流電焊機，應有 (1)防爆電氣裝置 (2)漏電斷路器 (3)自動電擊防止裝置 (4)過電流預防裝置。

( ) 9. 易產生非導電性及非燃燒性塵埃之工作場所，其電氣機械器具，應裝於具有防塵效果之箱內，或使用 (1)防塵 (2)防爆 (3)防熱 (4)防水 型器具。

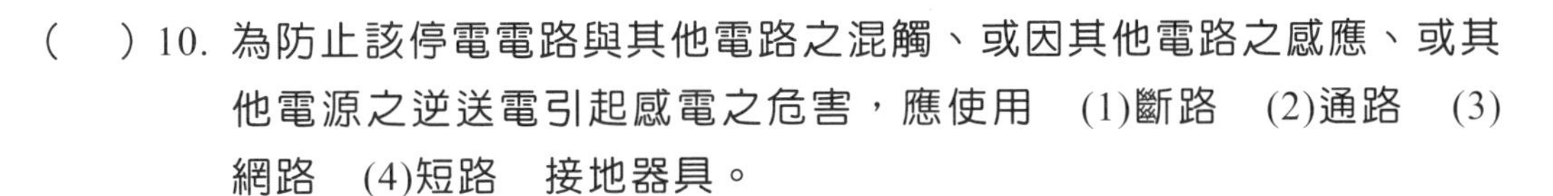

(　　) 10. 為防止該停電電路與其他電路之混觸、或因其他電路之感應、或其他電源之逆送電引起感電之危害，應使用 (1)斷路 (2)通路 (3)網路 (4)短路 接地器具。

(　　) 11. 被接於大地或被接於可視為大地之某導電體間有導電性之連接，稱為 (1)接地 (2)被接地 (3)多重接地 (4)系統接地。

(　　) 12. 接地導線之絕緣皮，應使用 (1)白色 (2)綠色 (3)灰色 (4)藍色 ，以資識別。

(　　) 13. 非金屬管連接之金屬配件，如配線對地電壓超過 150 伏特或配置於金屬建築物上或人可觸及之潮濕處所者，應使用 (1)設備 (2)系統 (3)短路 (4)網路 接地。

(　　) 14. 特種及第二種系統接地，設施於人易觸及之場所時， (1)自地面下 0.5 公尺起至地面上 1.5 公尺 (2)自地面下 0.6 公尺起至地面上 1.8 公尺 (3)自地面下 0.8 公尺起至地面上 2.0 公尺 (4)自地面下 1.0 公尺起至地面上 2.0 公尺 ，均應以絕緣管或板掩蔽。

(　　) 15. 器殼內部壓入新鮮空氣或不燃性氣體等保護氣體，於運轉前將侵入器殼內部之爆發性氣體驅除，同時於連續運轉中亦防止此氣體侵入之構造，稱為 (1)本質安全 (2)耐壓 (3)正壓 (4)安全增 防爆。

(　　) 16. 下列何種電氣設備的電源如由單相三線 110／220 伏特之專用分路供應，電路之中性線（被接地之一線）得作為地線，以供接地？ (1)冷氣機 (2)電灶 (3)乾衣機 (4)以上皆是。

(　　) 17. 下列何者不屬《用戶用電設備裝置規則》所稱之特殊場所？ (1)有危險氣體、蒸氣場所 (2)有塵埃場所 (3)營造作業場所 (4)公共場所。

(　　) 18. 存在易燃性氣體、易燃性或可燃性液體揮發氣之危險場所，為 (1)第一類 (2)第二類 (3)第三類 (4)第四類 危險場所。

(　) 19. 雖然有換氣裝置防止爆發性氣體聚集而發生危險，但因換氣裝置異常或發生事故，而易發生危險的場所，屬　(1)第一種　(2)第二種　(3)第三種　(4)第四種　危險場所。

(　) 20. 全封閉構造器殼內部發生爆炸時，能耐其爆壓，且不引起外部爆發性氣體爆炸之構造，屬　(1)正壓　(2)耐壓　(3)增加安全　(4)本質安全　防爆。

二、問答題

1. 試述《職業安全衛生設施規則》對防止感電用漏電斷路器之設置規定。
2. 試述《職業安全衛生設施規則》對自動電擊防止裝置之設置規定。
3. 雇主對於裝有電力設備之工廠、供公眾使用之建築物及受電電壓屬高壓以上之用電場所，應設置何種專任電氣技術人員？
4. 試述《職業安全衛生設施規則》第 270 條所指之工作環境甲、乙、丙。
5. 雇主對於電氣技術人員或其他電氣負責人員，除應責成其依電氣有關法規規定辦理，並應責成其工作遵守哪些事項？
6. 試述《用戶用電設備裝置規則》對接地的規定。
7. 試述《用戶用電設備裝置規則》所稱之特殊場所。
8. 試述《專任電氣技術人員及用電設備檢驗維護業管理規則》對各級電氣技術人員的資格規定。

災害案例

案例 1　從事車輛充電作業發生感電致死災害
案例 2　從事組裝作業發生感電致死災害
案例 3　從事船上電焊作業發生感電致死災害
案例 4　從事纜線線路檢修作業發生感電致死災害
案例 5　從事環境清潔作業發生感電致死災害
案例 6　從事焊接作業發生感電致死災害
案例 7　從事設備異常巡檢作業發生漏電感電致死災害
案例 8　從事電力電線聯結作業發生感電受傷災害
案例 9　從事活線作業時遭高壓感電致死災害
案例 10　從事配電場巡視作業發生電弧噴出致傷災害
案例 11　從事巡線作業時高壓電引弧感電致死災害
案例 12　從事高壓盤之高壓線裸接頭絕緣包覆作業發生感電致死災害
案例 13　從事法蘭焊接作業發生感電致死職業災害
案例 14　從事散漿機輸漿管線通管作業發生感電致死災害
案例 15　從事塑膠射出成型機換模作業時感電死亡職業災害
案例 16　從事搬運彈簧床墊作業發生感電致死災害

ELECTRICAL SAFETY

案例 1

從事車輛充電作業發生感電致死災害

一、 行業分類：公共汽車客運業

二、 災害類型：感電

三、 媒介物：其他

四、 罹災情形：死亡 1 人

五、 發生經過：

司機甲於某停車場，以移動式發電器（俗稱接電車，係由 2 只 12.4 伏特串聯而成）對所配發駕駛的大客車進行充電。過程中因連結線路之電瓶夾絕緣被覆損壞，且司機甲亦未戴用絕緣用防護具，致充電作業完成後司機甲欲解下發電器之連結線路時，因感電休克昏倒仰臥大客車左後方，嗣經同事發現，緊急通報送醫院急救後，仍不治死亡。

六、 原因分析：

（一） 直接原因：低壓（24.8 伏特）電流流經心臟造成感電。

（二） 間接原因：罹災者從事車輛充電作業時，未使其戴用絕緣用防護具。

（三） 基本原因：

1. 未設置丙種勞工安全衛生業務主管。
2. 未使勞工接受必要之安全衛生教育訓練。
3. 未訂定安全衛生工作守則。
4. 未訂定自動檢查計畫。

七、 災害防止對策：

雇主使勞工於低壓電路從事檢查、修理等活線作業時，應使該作業勞工戴用絕緣用防護具，或使用活線作業用器具或其他類似之器具。（勞工安全衛生設施規則第 256 條暨勞工安全衛生法第 5 條第 1 項）業發生感電致死災害。

案例 2

從事組裝作業發生感電致死災害

一、 行業分類：產業用機械設備維修及安裝業

二、 災害類型：感電

三、 媒介物：電氣設備（控制電源線）

四、 罹災情形：死亡 1 人

五、 發生經過：

勞工甲欲撿取掉落之 U 形角鐵，因角鐵殘留有溫度，碰觸到可塑劑添加控制電源線後，熔化該電源線之絕緣被覆層而發生漏電，當勞工甲右手接觸漏電之 U 形角鐵，電流經由勞工甲右手流入，流經勞工甲之心臟，再由勞工甲之脖子接觸塑料作業平台流出大地，造成電擊性休克死亡。

六、 原因分析：

（一） 直接原因：勞工甲右手接觸漏電之 U 形角鐵，造成電擊性休克死亡。

（二） 間接原因：

不安全狀況：熔斷 U 形角鐵殘留溫度，掉落後熔化可塑劑添加控制電源線之絕緣被覆層造成破損，致 U 形角鐵直接接觸到帶電之銅線，呈現漏電情況。

（三） 基本原因：未具體告知承攬人有關其事業工作環境、危害因素暨勞工安全衛生法及有關安全衛生規定應採取之措施。

七、 災害防止對策：

（一） 雇主應依其事業規模、特性，訂定勞工安全衛生管理計畫，執行規定之事項。

於勞工人數在 30 人以下之事業單位得以執行紀錄或文件代替勞工安全衛生管理計畫。（勞工安全衛生組織管理及自動檢查辦法第 12 條之 1 暨勞工安全衛生法第 14 條第 1 項）

（二） 事業單位以其事業之全部或一部分交付承攬時，應於事前告知該承攬人有關其事業工作環境、危害因素暨勞工安全衛生法及有關安全衛生規定應採取之措施。（勞工安全衛生法第 17 條第 1 項）。

案例 3 從事船上電焊作業發生感電致死災害

一、行業分類：船舶建造修配業

二、災害類型：感電

三、媒介物：電弧熔接

四、罹災情形：1 人死亡

五、發生經過：

艤裝工廠船裝工場勞工甲於船上進行艤品電焊工作，16 時勞工甲欲下船休息。因當時正下大雨，勞工甲下船後穿越伸臂式起重機軌道，往船廠之起重工場翻轉區方向前進。事故發生時地面積水且勞工甲全身淋濕，並以左手握持管制用鋼索進入起重工場隔離管制區。在船座下方躲雨的勞工乙因聽見物體落水聲，遂轉向音源處，即發現勞工甲仰躺於船用引擎（缸構主機）旁。勞工乙與同事立即前往欲扶起勞工甲，但接近他時指尖有觸電之感覺。隨即請人通知公司救護車，現場經環保公用處管理課斷電，並將勞工甲送醫院急救，仍傷重不治。

六、原因分析：

（一）直接原因：遭電擊導致心律不整致心因性休克。

（二）間接原因：

不安全狀況：電焊機未維持良好絕緣狀況。

（三）基本原因：未建立電焊機作業前實施作業檢點之日常自動檢查制度。

七、災害防止對策：

（一）雇主對一次側電源輸入端之絕緣電木，應有相當之絕緣耐力及耐熱性。

（二）雇主對建立電焊機作業前實施作業檢點之日常自動檢查制度。

案例 4 從事纜線線路檢修作業發生感電致死災害

一、行業分類：綜合商品批發業

二、災害類型：感電

三、媒介物：其他（電線）

四、罹災情形：死亡 1 人

五、發生經過：

據〇〇公司勞工乙稱：當日約 14 時我與勞工甲依送貨單，負責將爐具（供給蒸籠使用）送至〇〇餐廳有限公司，並於客戶指定位置安裝妥當（接瓦斯、接水管及接電線），我們兩人約 14 時 30 分許到達現場，我負責接水管及瓦斯，勞工甲接電線，當我接好水管及瓦斯時，勞工甲已完成二條電線中之其中一條電線接續，這時我剛好有電話，我即走出廚房接電話，約一分多鐘，我回到現場，看到勞工甲面向牆壁，於炒台與爐具間（寬度約恰為勞工甲身體身寬），弓著身體，跪於地上，已無意識，剛好餐廳老闆進廚房關斷電源，我再將勞工甲拉出並緊急送醫。

六、原因分析：

（一）直接原因：勞工甲感電，遭電擊致心因性休克死亡。

（二）間接原因：

1. 於低壓電路從事檢查、修理等活線作業時，未戴用絕緣用防護具，或使用活線作業用器具或其他類似之器具。
2. 於低壓電路從事作業未先停電後，再進行後續作業。

（三） 基本原因：

1. 未執行工作環境或作業危害之辨識、評估及控制。
2. 未訂定安全衛生作業標準。
3. 未置職業安全衛生業務主管。
4. 未訂定安全衛生工作守則。
5. 未辦理職業安全衛生教育訓練。

七、災害防止對策：

（一） 雇主使勞工於低壓電路從事檢查、修理等活線作業時，應使該作業勞工戴用絕緣用防護具，或使用活線作業用器具或其他類似之器具。（職業安全衛生設施規則第 256 條暨職業安全衛生法第 6 條第 1 項）

（二） 於低壓電路從事作業應先停電後，再進行後續作業。

從事環境清潔作業發生感電致死災害

一、行業分類：其他土木工程業

二、災害類型：感電

三、媒介物：電力設備

四、罹災情形：死亡 1 人

五、發生經過：

〇〇公司所僱勞工甲，於〇鐵〇〇〇變電站之 MTr1 室內進行環境清潔作業時，因攜帶長掃帚（長 6 公尺）入室內進行清潔工作，致誤觸室內主變壓器絕緣礙子上之中性匯流銅排（高 5 公尺）造成感電，致勞工甲全身 70%遭 2 度灼傷，經通知送醫急救後，仍不治死亡。

六、原因分析：

（一）直接原因：勞工甲工作中遭電擊，全 70%身燒燙傷（急救治療後），多重器官衰竭死亡。

（二）間接原因：接近主變壓器特高壓電路（40kV）從事清掃作業時，未使勞工使用之工具與電路保持 50 公分以上之接近界限距離。

（三）基本原因：承攬人未於事前以書面具體告知再承攬人有關〇鐵變電站主變壓器室內中性匯流銅排係帶電狀態之危害因素及依勞工安全衛生法令應採取之措施。

七、災害防止對策：

雇主使勞工於接近特高壓電路或特高壓電路支持物從事檢查、修理、油漆、清掃等電氣工程作業時，應有下列設施之一。一、…二、對勞工身體或其使用中之金屬工具、材料等導電體，保持前項第 1 款規定之接近界限距離以上，並將接近界限距離標示於易見之場所或設置監視人員從事監視作業。（勞工安全衛生設施規則第 261 條第 1 項第 2 款暨勞工安全衛生法第 5 條第 2 項）

案例 6

從事焊接作業發生感電致死災害

一、行業分類：金屬建築組件製造業

二、災害類型：感電

三、媒介物：電弧熔接設備

四、罹災情形：死亡 1 人

五、發生經過：

當日 16 時許，勞工甲於雇主所設工廠內使用交流電焊機從事 H 型鋼之焊接作業，勞工甲更換電焊條時，右手握電焊夾，左手握電焊條，而發生感電。該廠另 1 名勞工見狀，立即將勞工甲手握之電焊夾及電焊條取下，並通知 119 救護車，將勞工甲送至醫院急救，勞工甲於當日不治死亡。

六、原因分析：

（一）直接原因：勞工甲更換電焊條時，手部觸摸帶電之電焊條，致遭電殛死亡。

（二）間接原因：

不安全狀況：

1. 勞工甲於高導電性 H 型鋼上使用之交流電焊機未有自動電擊防止裝置，且坐在良導體（H 型鋼）上更換電焊條。
2. 勞工甲從事電焊作業未戴用防護手套。

（三）基本原因：

1. 未實施勞工安全衛生教育訓練。
2. 未訂定安全衛生工作守則。

七、災害防止對策：

（一）雇主對電焊作業使用之焊接柄，應有相當之絕緣耐力及耐熱性。

（二）雇主對勞工於良導體機器設備內之狹小空間，或於鋼架等致有觸及高導電性接地物之虞之場所，作業時所使用之交流電焊機，應有自動電擊防止裝置。

（三）雇主對於勞工以電焊，氣焊從事熔接，熔斷等作業時，應置備安全面罩，防護眼鏡及防護手套等，並使勞工確實戴用。

（四）雇主對新僱勞工或在職勞工於變更工作前，應使其接受適於各該工作必要之安全衛生教育訓練。

案例 7 從事設備異常巡檢作業發生漏電感電致死災害

一、行業分類：紙板製造業

二、災害類型：感電

三、媒介物：電氣設備（其他－鼓風機電源線）

四、罹災情形：死亡 1 人

五、發生經過：

○○印刷廠的收紙人員，在四色印刷機後段發現輸送帶馬達護罩及風管與地面鐵板處有接觸火花產生，而罹災者在未斷電情況下獨自將地面鐵板搬離，不久後就倒臥在鼓風機風管之漏斗處，副總經理到場後，立刻協助施做心肺復甦術，直到救護車前來，經送醫院急救，到院前已死亡。

六、原因分析：

（一）直接原因：罹災者接觸到漏電導體造成電擊性休克死亡。

（二）間接原因：不安全狀況：對於鼓風機電源線未有防止絕緣被破壞等致引起感電危害之設施。

（三）基本原因：

1. 未實施鼓風機低壓用電設備絕緣情形等定期檢查。
2. 未執行工作環境或作業危害之辨識、評估及控制。

七、災害防止對策：

（一）雇主對勞工於作業中或通行時，有接觸絕緣被覆配線或移動電線或電氣機具、設備之虞者，應有防止絕緣被破壞或老化等致引起感電危害之設施。（勞工安全衛生設施規則第 246 條暨勞工安全衛生法第 5 條第 1 項）

（二） 第一類事業之事業單位勞工人數在 100 人以上者，所置管理人員應為專職…。（勞工安全衛生組織管理及自動檢查辦法第 3 條第 2 項第 1 款暨勞工安全衛生法第 14 條第 1 項）

（三） 雇主對於低壓電氣設備，應每年依下列規定定期實施檢查一次：「一、低壓受電盤及分電盤（含各種電驛、儀表及其切換開關等）之動作試驗。二、低壓用電設備絕緣情形，接地電阻及其他安全設備狀況。三、自備屋外低壓配電線路情況。」（勞工安全衛生組織管理及自動檢查辦法第 31 條暨勞工安全衛生法第 14 條第 2 項）

案例 8

從事電力電線聯結作業發生感電受傷災害

一、 行業分類：管道工程業

二、 災害類型：感電

三、 媒介物：電力設備

四、 罹災情形：受傷 3 人

五、 發生經過：

○○（股）公司承攬人－○○企業有限公司 2 名員工及 1 名派遣勞工等 3 人，於○○（股）公司頂樓電氣室配電箱從事無熔絲開關(220V、300A)電力電線聯結作業。該作業由勞工甲及勞工乙施作，完成 2 條線路後，由派遣勞工取代勞工甲施作最後 1 條電力電線聯結工作，派遣勞工施工過程中其手持之梅開板手誤觸左側無熔絲開關(220V、1600A)帶電之電源端，引發短路電弧造成 3 人灼傷，經送醫進行急救、住院治療。

六、 原因分析：

（一） 直接原因：梅開板手誤觸無熔絲開關帶電之電源端引發短路電弧。

（二） 間接原因：

1. 對於從事電氣工作之勞工，未使其使用絕緣防護具及其他必要之防護器具。
2. 使勞工於接近低壓電路或其支持物從事敷設、檢查、油漆等作業時，未於該電路裝置絕緣用防護裝備。
3. 於電路開路後從事該電路作業，未將該停電作業範圍以藍帶或網加圍，並懸掛「停電作業區」標誌；有電部分未以紅帶或網加圍，並懸掛「有電危險區」標誌，以資警示。

（三） 基本原因：

1. 未具體告知電力電線聯結作業工作環境、危害因素及依規定應採取之措施。
2. 未依其事業之規模、性質設置勞工安全衛生人員。
3. 未依規定對勞工施以從事工作及預防災變必要之安全衛生教育、訓練。
4. 未依規定訂定安全衛生工作守則，報經檢查機構備查後，公告實施。

七、災害防止對策：

1. 事業單位以其事業之全部或一部分交付承攬時，應於事前告知該承攬人有關其事業工作環境、危害因素暨依規定應採取之措施。（勞工安全衛生法第 17 條第 1 項）
2. 雇主對新僱勞工或在職勞工於變更工作前，應使其接受適於各該工作必要之安全衛生教育訓練。（勞工安全衛生教育訓練規則第 16 條第 1 項暨勞工安全衛生法第 23 條第 1 項）

案例 9 從事活線作業時遭高壓感電致死災害

一、行業分類：機電、電信及電路工程業

二、災害類型：感電

三、媒介物：輸配電線路

四、罹災情形：死亡 1 人、受傷 1 人

五、發生經過：

據○○水電工程行班長勞工甲來電稱：上午 9 時 50 左右勞工乙拆解礙子被覆線作業時不慎感電，經送○○醫院急救不治死亡。

六、原因分析：

（一）直接原因：高壓感電致死傷。

（二）間接原因：

不安全狀況：未指定監督人員負責指揮高壓以上之停電作業電路之作業內容。

（三）基本原因：

1. 未依桿上變壓器吊換作業標準程序於低壓線兩端或變壓器二次側端子處確實接地施作。
2. 未落實承攬管理。

七、災害防止對策：

（一）雇主對於電路開路後從事該電路、該電路支持物、或接近該電路工作物之敷設、建造、檢查、修理、油漆等作業時，應於確認電路開路後，應以檢電器具檢查該電路，確認其已停電，且為防止該停電電路與其他電路之混觸、或因其他電路之感應、或其他電

源之逆送電引起感電之危害，應使用短路接地器具確實短路，並加接地。（勞工安全衛生設施規則第 254 條第 1 項第 3 款暨勞工安全衛生法第 5 條第 1 項）

（二）雇主對於高壓以上之停電作業、活線作業及活線接近作業，應將作業期間、作業內容、作業之電路及接近於此電路之其他電路系統，告知作業之勞工，並應指定監督人員負責指揮。（勞工安全衛生設施規則第 265 條暨勞工安全衛生法第 5 條第 2 項）

案例 10

從事配電場巡視作業發生電弧噴出致傷災害

一、行業分類：電力供應業

二、災害類型：感電

三、媒介物：電力設備

四、罹災情形：受傷 3 人

五、發生經過：

領班偕同勞工甲、勞工乙、勞工丙 3 名技術員至某大學大門右側地面配電場實施線路(22kV)巡視檢點，開啟配電設備(ATS)電力熔絲開關箱門時，發現前遮板下方有老鼠爬行，疑似受驚嚇竄入上方匯流排，約 10 秒後高熱弧光噴出，當時 3 人立於箱門旁距離匯流排帶電體 60 公分以上，因閃避不及遭電弧灼傷臉、手部位，領班離箱門較遠，未受波及，自行將傷者送醫急救。

六、原因分析：

（一）直接原因：工作人員開啟 ATS 電力熔絲開關箱門時，在前遮板下方爬行的老鼠受驚嚇竄入上方匯流排，隨即造成線間短路，導致內部兩條供電饋線之斷路器同時跳脫，瞬間噴出高熱弧光，3 人閃避不及致臉、手部位遭電弧灼傷。

（二）間接原因：不安全狀況：開啟 ATS 箱門時，未使作業勞工穿著防止電弧灼傷必要之防護裝備，未要求其他勞工退避至安全場所。

（三）基本原因：未加強宣導「人員開啟電力設備箱門時，可能造成線間短路噴出高熱弧光」之潛在危害。

七、災害防止對策：雇主對於從事電氣工作之勞工，應使其使用電工安全帽、絕緣防護具及其他必要之防護器具。（勞工安全衛生設施規則第 290 條暨勞工安全衛生法第 5 條第 1 項第 3 款）

從事巡線作業時高壓電引弧感電致死災害

一、行業分類：電力供應業

二、災害類型：感電

三、媒介物：其他媒介物

四、罹災情形：死亡 1 人、受傷 1 人

五、發生經過：

5 線路段領班與巡線班員於巡視檢驗承商之巡線作業時，因見有檳榔樹臨近鐵塔，慮及颱風期快到可能安全距離不足，因此領班即前去與地主協調同意後，自行決定請巡線班員去砍伐鐵塔下面檳榔樹，因樹倒時方向與預期不符致觸及 161kV 高壓電跳線，不幸感電致死。

六、原因分析：

（一）直接原因：161kV 高壓電引弧感電致死傷。

（二）間接原因：不安全狀況：對於砍伐中檳榔樹之倒塌未保持 140 公分以上之接近界限距離以上，未設置監視人員從事監視作業。

（三）基本原因：未依標準作業程序施作砍伐。

七、災害防止對策：

雇主對於高壓以上之停電作業，活線作業及活線接近作業，應將作業期間，作業內容，作業之電路及接近於此電路之其他電路系統，告知作業之勞工，並應指定監督人員負責指揮。（勞工安全衛生設施規則第 265 條暨勞工安全衛生法第 5 條第 2 項）

案例 12　從事高壓盤之高壓線裸接頭絕緣包覆作業發生感電致死災害

一、行業分類：機電、電信及電路工程業

二、災害類型：感電

三、媒介物：輸配電線路

四、罹災情形：死亡 1 人

五、發生經過：

勞工甲由工地主任派至 CUB 棟 3 樓電氣室從事高壓盤之高壓線裸接頭絕緣包覆作業，現場無設置監視人員負責監視作業，大約在下午 3 時左右，工人勞工乙突然聽到勞工甲叫聲，隨即與勞工丙趕至災害現場，發現勞工甲昏迷倒於地面上，經通知工地主任及相關人員到場後，立即對勞工甲進行 CPR 急救，並以電話通知消防隊，經救護車送往醫院後，仍急救無效死亡。

六、原因分析：

（一）直接原因：從事對地電壓 4160V 高壓線處理頭絕緣包覆作業時，感電休克死亡。

（二）間接原因：不安全狀況：

1. 高壓電氣箱未確實上鎖管制及設置絕緣中隔板。
2. 作業時，未確實將線路斷電。

（三）基本原因：

1. 雇主未確實使勞工使用絕緣防護具。
2. 未指定監督人員負責監督管制作業現場。

3. 對於高壓以上之停電作業、活線作業及活線接近作業，未將作業期間、作業內容、作業之電路及接近於此電路之其他電路系統，告知作業勞工。
4. 未訂定高壓線裸接頭絕緣包覆作業標準或未依標準作業程序施作。

七、災害防止對策：

（一）雇主於勞工從事裝設、拆除或接近電路等之絕緣用防護裝備時，應使勞工戴用絕緣用防護具、或使用活線用器具。（勞工安全衛生設施規則第 262 條暨勞工安全衛生法第 5 條第 2 項）

（二）雇主對於高壓之活線及活線接近作業，應將作業期間、作業內容、作業之電路及接近於此電路之其他電路系統，告知作業勞工，並應指定監督人員負責指揮。（勞工安全衛生設施規則第 265 條暨勞工安全衛生法第 5 條第 2 項）

案例 13

從事法蘭焊接作業發生感電致死職業災害

一、行業分類：未分類其他金屬製品製造業

二、災害類型：感電

三、媒介物：電弧熔接交流電焊機

四、罹災情形：死亡 1 人

五、災害發生經過：

勞工乙與勞工甲 2 人正從事氧化器之法蘭焊接作業，約於當日 21 時 30 分許，勞工乙先行收拾工具準備與勞工甲一同下班，於將部份工具歸定位再回肇災現場收拾其他工具時，即發現勞工甲雙手與焊接柄置於胸部仰躺於地上，勞工乙直覺勞工甲可能遭感電之虞，遂以手拉焊接電纜將焊接柄自勞工甲胸部移開，並大聲呼救，當時於附近打掃之勞工甲雇主趕往協助搶救，並以電話聯絡 119，救護車趕至後將勞工甲送醫院急救，惟仍不治。

六、災害原因分析：

雇主所僱勞工乙、勞工甲，在地面及身體潮濕情況下從事氧化器之法蘭焊接作業時，下巴左側遭自動電擊防止裝置失效之交流電焊機電擊致心律不整而心因，綜合上述分析本次災害發生之原因如下：

（一）直接原因：從事法蘭焊接作業時，遭交流電焊機電擊致死。

（二）間接原因：不安全狀況：交流電焊機自動電擊防止裝置失效。

（三）基本原因：

1. 未依規定訂定法蘭焊接作業之安全衛生作業標準，以供勞工遵循。
2. 未依其法蘭焊接作業守衛工作性質,施以勞工安全衛生在職教育訓練。

七、災害防止對策：交流電焊機應設有效之自動電擊防止裝置，雇主對勞工於良導體機器設備內之狹小空間，或於鋼架等致有觸及高導電性接地物之虞之場所，作業時所使用之交流電焊機，應有自動電擊防止裝置（勞工安全衛生設施規則第 250 條暨勞工安全衛生法第 5 條第 1 項。

案例 14 從事散漿機輸漿管線通管作業發生感電致死災害

一、行業分類：紙張製造業

二、災害類型：感電

三、媒介物：原動機

四、罹災情形：死亡 1 人

五、發生經過：

凌晨○○時 30 分，泰國籍勞工甲從事散漿機輸漿管線通管作業，被製漿員勞工乙發現趴在 4 號散漿機馬達旁。經現場斷電後（4 號散漿機馬達），將勞工甲送往醫院急救，仍不治死亡。

六、原因分析：

（一） 直接原因：作業時遭電擊造成呼吸衰竭、心因性休克死亡。

（二） 間接原因：

不安全狀況：對於電氣設備裝置、線路，未依電業法規及勞工安全衛生相關法規之規定施工（散漿機之馬達未加接地）。

（三） 基本原因：對於低壓電氣設備，未依規定定期實施檢查。

七、災害防止對策：

（一） 僱用勞工人數在 30 人以上之事業單位，依第二條之一、第三條、第三條之一至第四條、第六條規定設管理單位或置勞工安全衛生人員時，應填具「勞工安全衛生管理單位（人員）設置（變更）報備書」陳報檢查機構備查。（勞工安全衛生組織管理及自動檢查辦法第 86 條暨勞工安全衛生法第 14 條第 1 項）

（二） 雇主應依其事業規模、特性，訂定勞工安全衛生管理計畫，執行規定之勞工安全衛生事項…。（勞工安全衛生組織管理及自動檢查辦法第 12 條之 1 第 1 項暨勞工安全衛生法第 14 條第 1 項）

（三） 雇主對於電氣設備裝置、線路，應依電業法規及勞工安全衛生相關法規之規定施工，所使用電氣器材及電線等，並應符合國家標準規格。（勞工安全衛生設施規則第 239 條暨勞工安全衛生法第 5 條第 1 項）

（四） 接地系統應符合左列規定施工：…。十一、低壓用電設備應加接地者如左：（一）低壓電動機之外殼…。（用戶用電設備裝置規則第 27 條第 11 款第 1 目）

（五） 雇主對於低壓電氣設備，應每年依下列規定定期實施檢查一次：一、低壓受電盤及分電盤（含各種電驛、儀表及其切換開關等）之動作試驗。二、低壓用電設備絕緣情形，接地電阻及其他安全設備狀況。三、自備屋外低壓配電線路情況。（勞工安全衛生組織管理及自動檢查辦法第 31 條暨勞工安全衛生法第 14 條第 2 項）

案例 15
從事塑膠射出成型機換模作業時感電死亡職業災害

一、行業分類：其他塑膠製品製造業

二、災害類型：感電

三、媒介物：輸送帶

四、罹災情形：死亡 1 人

五、發生經過：

當勞工甲於塑膠射出成型機台內從事換模作業時，因天氣悶熱，身體汗流浹背，其右手欲拿取置於輸送帶上之金屬套管時，右手腕碰觸輸送帶之側面金屬外殼，此時輸送帶雖未運轉，惟其電源呈開啟狀態，因輸送帶馬達發生漏電，且其連接電路未設有漏電斷路器，當勞工甲胸部至腹部間接觸於塑膠射出成型機之導柱時，電流由馬達流至輸送帶之側面金屬外殼後，經勞工甲之右手腕流經心臟再至塑膠射出成型機之金屬導柱形成迴路，導致勞工甲因電擊不治死亡。

六、原因分析：

（一） 直接原因：電擊造成心律不整休克。

（二） 間接原因：

不安全狀況：

1. 使用移動式輸送帶（對地電壓 220 伏特），未於該輸送帶之電動機具之連接電路上設置適合其規格，具有高敏感度、高速型，能確實動作之防止感電用漏電斷路器。
2. 輸送帶未設置接地。

（三） 基本原因：

1. 未對勞工施以合適之安全衛生教育訓練。
2. 未訂定合適之安全衛生工作守則使勞工確實遵守。
3. 未訂定自動檢查計畫及未實施自動檢查。

七、災害防止對策：

（一） 雇主對於使用對地電壓在 150 伏特以上移動式或攜帶式電動機具，或於含水或被其他導電度高之液體濕潤之潮濕場所、金屬板上或鋼架上等導電性良好場所使用移動式或攜帶式電動機具，為防止因漏電而生感電危害，應於各該電動機具之連接電路上設置適合其規格，具有高敏感度、高速型，能確實動作之防止感電用漏電斷路器。（勞工安全衛生設施規則第 243 條第 1 項暨勞工安全衛生法第 5 條第 1 項）

（二） 雇主對於電氣設備裝置、線路，應依電業法規定施工（勞工安全衛生設施規則第 239 條暨勞工安全衛生法第 5 條第 1 項）及低壓電動機之外殼應設接地。（電業法制定之用戶用電設備裝置規則第 27 條第 11 款第 1 目）

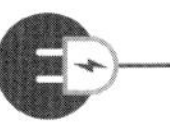

案例 16

從事搬運彈簧床墊作業發生感電致死災害

一、行業分類：其他非金屬家具及裝設品製造業

二、災害類型：感電

三、媒介物：其他動力機械

四、罹災情形：死亡 1 人

五、發生經過：

勞工甲在縫邊機旁搬運彈簧床墊，因重心不穩跌倒，跌倒後，左小腿跨在縫邊機機台鐵架上，可能因縫邊機分電轉盤因使用磨損或老舊造成絕緣破壞漏電，造成頭、手與地面接觸形成電流迴路，使勞工甲遭到電擊，同時因勞工甲有相關心臟病變，因而造成其心肌梗塞、鬱血性心臟病導致心因性休克、心肺衰竭致死。

六、原因分析：

（一）直接原因：電擊、擴大心肌病變、心冠病造成心肌梗塞、鬱血性心臟病導致心因性休克、心肺衰竭致死。

（二）間接原因：

不安全狀況：

1. 對於電氣設備裝置、線路，未依電業法規及勞工安全衛生相關法規之規定施工。
2. 對地電壓超過 150 伏特之其他固定低壓用電設備縫邊機未加接地。

（三）基本原因：

1. 對於低壓電氣設備，未依規定定期實施檢查。
2. 未訂定安全衛生工作守則。
3. 未實施勞工安全衛生教育訓練。

七、災害防止對策：

（一）雇主對於低壓電氣設備，應每年依下列規定定期實施檢查一次：一、低壓受電盤及分電盤（含各種電驛、儀表及其切換開關等）之動作試驗。二、低壓用電設備絕緣情形，接地電阻及其他安全設備狀況。三、自備屋外低壓配電線路情況。（勞工安全衛生組織管理及自動檢查辦法第 31 條暨勞工安全衛生法第 14 條第 2 項）

（二）雇主應依規定訂定自動檢查計畫，實施自動檢查。（勞工安全衛生組織管理及自動檢查辦法第 79 條暨勞工安全衛生法第 14 條第 2 項）

（三）雇主對於電氣設備裝置、線路，應依電業法規及勞工安全衛生相關法規之規定施工，所使用電氣器材及電線等，並應符合國家標準規格。（勞工安全衛生設施規則第 239 條暨勞工安全衛生法第 5 條第 1 項）

（四）接地系統應符合左列規定施工：…。十一、低壓用電設備應加接地者如左：…。（六）對地電壓超過 150 伏之其他固定設備。…。（用戶用電設備裝置規則第 27 條第 11 款第 6 目）

表 26-1　內線系統單獨接地或與設備共同接地之接地引接線線徑

接戶線中之最大截面積(mm^2)	銅接地導線大小(mm^2)
30 以下	8
38～50	14
60～80	22
超過 80～200	30
超過 200～352	50
超過 325～500	60
超過 500	80

表 26-2　用電設備單獨接地之接地線或用電設備與內線系統共同接地之連接線線徑

過電流保護器之額定或標置	銅接地導線之大小
20A 以下	1.6mm($2.0mm^2$)
30A 以下	2.0mm($3.5mm^2$)
60A 以下	$5.5mm^2$
100A 以下	$8mm^2$
200A 以下	$14mm^2$
400A 以下	$22mm^2$
600A 以下	$38mm^2$
800A 以下	$50mm^2$
1000A 以下	$60mm^2$
1200A 以下	$80mm^2$
1600A 以下	$100mm^2$
2000A 以下	$125mm^2$
2500A 以下	$175mm^2$
3000A 以下	$200mm^2$
4000A 以下	$250mm^2$
5000A 以下	$350mm^2$
6000A 以下	$400mm^2$

註：移動性電具，其接地線與電源線共同置於軟管或電纜內時，得與電源線同等線徑。

memo

memo

國家圖書館出版品預行編目資料

電氣安全 / 鄭世岳編著. -- 三版. -- 新北市 : 新文京開發出版股份有限公司, 2021.04
面 ； 公分

ISBN 978-986-430-714-2（平裝）

1.電工安全 2.電力工程 3.安全教育

448.03 110005302

電氣安全（第三版） （書號：**B317e3**）

編著者	鄭世岳
出版者	新文京開發出版股份有限公司
地址	新北市中和區中山路二段 362 號 9 樓
電話	(02) 2244-8188（代表號）
F A X	(02) 2244-8189
郵撥	1958730-2
初版	西元 2008 年 12 月 22 日
二版	西元 2016 年 02 月 01 日
三版	西元 2021 年 05 月 10 日

建議售價：360 元

法律顧問：蕭雄淋律師

ISBN 978-986-430-714-2

New Wun Ching Developmental Publishing Co., Ltd.

New Age · New Choice · The Best Selected Educational Publications—NEW WCDP

NEW WCDP 新文京開發出版股份有限公司

新世紀・新視野・新文京 — 精選教科書・考試用書・專業參考書